La colección La Ciencia desde México, del Fondo de Cultura Económica, llevó, a partir de su nacimiento en 1986, un ritmo siempre ascendente que superó las aspiraciones de las personas e instituciones que la hicieron posible: nunca faltó material, y los científicos mexicanos desarrollaron una notable labor en un campo nuevo para ellos, escribir de modo que los temas más complejos e inaccesibles pudieran ser entendidos por los jóvenes estudiantes y los lectores sin formación científica.

Tras diez años de trabajo fructífero se ha pensado ahora dar un paso adelante, extender el enfoque de la colección a los creadores de la ciencia que se hace y piensa en lengua española.

Del Río Bravo al Cabo de Hornos y, cruzando el océano, hasta la Península Ibérica, se encuentra en marcha un ejército compuesto de un vasto número de investigadores, científicos y técnicos, que desempeñan su labor en todos los campos de la ciencia moderna, una disciplina tan revolucionaria que ha cambiado en corto tiempo nuestra forma de pensar y observar todo lo que nos rodea.

Se trata ahora no sólo de extender el campo de acción de una colección, sino de pensar una ciencia en nuestro idioma que, imaginamos, tendrá siempre en cuenta al hombre, sin deshumanizarse.

Esta nueva colección tiene como fin principal poner el pensamiento científico en manos de los jóvenes que, siguiendo a Rubén Darío, aún hablan en español. A ellos tocará, al llegar su turno, crear una ciencia que, sin desdeñar a ninguna otra, lleve la impronta de nuestros pueblos.

La Ciencia
para Todos

ÓPTICA TRADICIONAL Y MODERNA

Daniel Malacara

ÓPTICA TRADICIONAL Y MODERNA

la
ciencia/84
para todos

Primera edición (La Ciencia desde México), 1989
Segunda reimpresión, 1993
Tercera reimpresión, 1995
Segunda edición (La Ciencia para Todos), 1997
Segunda reimpresión, 1998
Tercera edición, 2002

Comentarios y sugerencias: laciencia@fce.com.mx
Conozca nuestro catálogo: www.fce.com

La Ciencia para Todos es proyecto y propiedad del Fondo de Cultura Económica, al que pertenecen también sus derechos. Se publica con los auspicios de la Secretaría de Educación Pública y del Consejo Nacional de Ciencia y Tecnología.

Carretera Picacho-Ajusco 227, 14200 México, D.F.

ISBN 968-16-6618-6 (tercera edición)
ISBN 968-16-5226-6 (segunda edición)
ISBN 968-16-3240-0 (primera edición)

Impreso en México

PREFACIO

La óptica es una de las ciencias que más importancia y antigüedad tienen debido a que el sentido de la visión es el vínculo más importante que tenemos con el resto del Universo. El avance de la óptica ha sido más o menos constante, hasta hace alrededor de veinticinco años, cuando tuvo un gran resurgimiento con los descubrimientos del láser y de la holografía.

Este libro se ha escrito con el propósito de dar a conocer al lector interesado tanto la historia de la llamada óptica clásica, como los últimos avances de la óptica moderna. Comenzaremos por describir tanto la historia como las bases de la óptica tradicional, pues sin ella no es posible comprender los nuevos descubrimientos.

He tratado de hacer esta narración de la historia y de los últimos avances de la manera más descriptiva y simple posible, sin recurrir a las matemáticas o formalismos innecesarios. Esto es con el propósito de hacer su comprensión lo más accesible posible para todo tipo de lector, sin importar cual sea su preparación, ya sea científica o de cualquier otro tipo. De manera especial se han tenido en mente a los jóvenes estudiantes de secundaria y preparatoria. Si este libro logra despertar en un joven al menos el interés y la admiración por esta ciencia, el autor podrá considerar satisfecha su aspiración al escribirlo.

Deseo agradecer la ayuda del maestro en ciencias, Fidel Sosa, con el material fotográfico, y del señor Raymundo Mendoza con los dibujos. También me han sido sumamente útiles las sugerencias que recibí después de que amablemente leyeron el manuscrito, de los maestros en ciencias María del Carmen Menchaca y Arquímedes Morales.

Para terminar, deseo agradecer a mis amigos y colegas el estímulo que me ha sido generosamente brindado, ya que gracias a él mi entusiasmo ha sido continuamente renovado. De manera especial quiero expresar el agradecimiento a mi familia por su apoyo y comprensión constantes.

I. Qué es la óptica

El sentido de la visión es el medio de comunicación con el mundo exterior más importante que tenemos, lo que quizá pueda explicar por qué la óptica es una de las ramas más antiguas de la ciencia. En broma podríamos decir que la óptica comenzó cuando Adán vio a Eva por primera vez, aunque más seriamente podemos afirmar que tan pronto el hombre tuvo conciencia del mundo que habitaba se comenzó a percatar de muchos fenómenos luminosos a su alrededor, el Sol, las estrellas, el arco iris, el color del cielo a diferentes horas del día, y muchos otros. Estos fenómenos sin duda despertaron su curiosidad e interés, que hasta la fecha sigue sin saciarse completamente.

Antes de hablar de óptica conviene saber lo que ésta es. En forma estricta, podemos definir la óptica de acuerdo con la convención de la *Optical Society of America*, para la cual es el estudio de la luz, de la manera como es emitida por los cuerpos luminosos, de la forma en la que se propaga a través de los medios transparentes y de la forma en que es absorbida por otros cuerpos. La óptica, al estudiar los cuerpos luminosos, considera los mecanismos atómicos y moleculares que originan la luz. Al estudiar su propagación, lógicamente estudia los fenómenos luminosos relacionados con ella, como la reflexión, la refracción, la interferencia y la difracción. Finalmente, la absorción de la luz ocurre cuando la luz llega a su destino, produciendo ahí un efecto físico o químico, por ejemplo, en la retina de un ojo, en una película fotográfica, en una cámara de televisión, o en cualquier otro detector luminoso.

Sin embargo, con el fin de que la definición de la óptica quedara completa, la siguiente pregunta lógica sería: ¿qué es la luz? En forma rigurosa, aún no se tiene una respuesta completamente satisfactoria a esta pregunta, aunque sí podemos afirmar de manera muy general y elemental que la luz es esa radiación que al penetrar a nuestros ojos produce una sensación visual.

Por otro lado, más científicamente, sabemos que la luz es una onda electromagnética idéntica a una onda de radio, con la única diferencia de que su frecuencia es mucho mayor y por lo tanto su longitud de onda es mucho menor. Por ejemplo, la frecuencia de la luz amarilla es 5.4×10^8 MHz, a la que le corresponde una longitud de onda de 5.6×10^{-5} cm. En el cuadro 1 se comparan las longitudes de onda de la luz con las de las demás ondas electromagnéticas. Según los instrumentos que se usen para observarlas, decimos que están en el dominio electrónico, óptico, o de la física de altas energías.

En un sentido mucho más amplio, se considera frecuentemente óptica al estudio y manejo de las imágenes en general, aunque éstas no hayan sido necesariamente formadas con luz o métodos ópticos convencionales. Éste es el caso del procesamiento digital de imágenes o de la tomografía computarizada, de las que hablaremos en la sección sobre procesamiento digital de imágenes.

La óptica, desde que se comenzó a estudiar seriamente, ha desempeñado un papel muy importante en el desarrollo del conocimiento científico y de la tecnología. Los principales avances de la física de nuestro siglo, como la teoría cuántica, la relatividad o los láseres, tienen su fundamento o comprobación en algún experimento óptico. Por otro lado, también los grandes avances tecnológicos, como las modernas comunicaciones por fibras ópticas, las aplicaciones de los láseres y de la holografía tienen una base óptica.

CUADRO 1. Espectro electromagnético

Tipo de onda electromagnética		*Límites aproximados de sus longitudes de onda*	
Dominio electrónico	Ondas de radio y TV	1 000 m	0.5 m
	Microondas	50 cm	0.05 mm
Dominio óptico	Infrarrojo lejano	0.5 mm	0.03 mm
	Infrarrojo cercano	30 μm	0.72 μm
	Luz visible	720 nm	400 nm
	Ultravioleta	400 nm	200 nm
	Extremo ultravioleta	2 000 Å	500 Å
Física de alta energía	Rayos X	500 Å	1 Å
	Rayos gamma	1 Å	.01 Å

donde las unidades usadas aquí son:

1 micra = 1 μm = 10^{-6} m
1 Ångstrom = 1 Å = 10^{-10} m
1 nanómetro = 1 nm = 10^{-9} m

I.1. HISTORIA DE LOS PRIMEROS DESCUBRIMIENTOS

A continuación haremos una breve revisión histórica de cómo se ha desarrollado esta ciencia, desde los comienzos más tempranos de que se tienen registros o evidencias.

Mucho antes de que se iniciaran los estudios metódicos y formales de los fenómenos ópticos, se construyeron espejos y lentes para mejorar la visión. Por ejemplo, los espejos ya fueron usados por las mujeres del antiguo Egipto para verse en ellos (1900 a.C.), como pudo comprobarse al encontrar uno cerca de la pirámide de Sesostris II. Naturalmente, estos espejos eran solamente unos trozos de metal con un pulido muy imperfecto. En las ruinas de Nínive, la antigua capital asiria, se encontró una pieza de cristal de roca que tenía toda la apariencia de una lente convergente. Una de la más antiguas referencias a las lentes se encuentra en los escritos de Confucio (500 a.C.), quien decía que las lentes mejoraban la visión, aunque probablemente no sabía nada acerca de la refracción. Otra mención muy temprana de ellas se encuentra en el libro de Aristófanes, *Las nubes*, una comedia escrita en el año 425 a.C., en donde describe unas piedras transparentes, con las que se puede encender el fuego mediante la luz del Sol. Probablemente fue él quien construyó la primera lente del mundo, con un globo de vidrio soplado, lleno de agua, en el año 424 a.C. Sin embargo, ésta no fue construida con el propósito de amplificar imágenes, sino de concentrar la luz solar. Según la leyenda, Arquímedes construyó unos espejos cóncavos, con los que reflejaba la luz del Sol hacia las naves enemigas de Siracusa para quemarlas. Aunque esto se puede lograr si se usa una gran cantidad de espejos que reflejen todos simultáneamente la luz hacia el mismo punto, probablemente este hecho sea más leyenda que historia.

La primera mención al fenómeno de la refracción de la luz la encontramos en el libro de Platón, *La República*. Euclides estableció por primera vez (300 a.C.) la ley de la reflexión y algunas propiedades de los espejos esféricos en su libro *Catóptrica*. Herón de Alejandría (250 d.C.) casi descubrió el Principio de Fermat al decir que la luz al reflejarse sigue la mínima trayectoria posible. Claudio Tolomeo (130 d.C.), sin duda uno de los más grandes científicos de la antigüedad, escribió el libro *Óptica*, donde establece que el rayo incidente, la normal a la superficie y el rayo reflejado están en un plano común. Tolomeo también encontró una forma aproximada de la ley de refracción, válida únicamente para ángulos de incidencia pequeños.

Durante la Edad Media, la óptica, al igual que las demás ciencias, progresó muy lentamente. Este adelanto estuvo en manos de los árabes. El filósofo árabe Abu Ysuf Yaqub Ibn Is-Hak, más conocido como Al-Kindi, que vivió en Basora y Bagdad (813-880 d.c.), escribió un libro sobre óptica llamado *De Aspectibus*. En él hace algunas consideraciones generales acerca de la refracción de la luz, pero además contradice a Platón al afirmar, igual que Aristóteles, que la visión se debe a unos rayos que emanan de los cuerpos luminosos, y no del ojo, de donde parten viajando en línea recta para luego penetrar al ojo, donde producen la sensación visual. Otro científico árabe muy importante, Ibn al-Haitham, más conocido por su nombre latinizado Alhazen (965-1038 d.c.), hizo investigaciones sobre astronomía, matemáticas, física y medicina. Alhazen escribió un libro llamado *Kitab-ul Manazir* (*Tratado de óptica*), donde expone sus estudios sobre el tema. Entre sus principales resultados está el descubrimiento de la cámara obscura, mediante la cual pudo formar una imagen invertida de un objeto luminoso, haciendo pasar la luz a través de un pequeño orificio. Alhazen también hizo el primer estudio realmente científico acerca de la refracción, probando la ley aproximada de Tolomeo y además encontró una ley que daba las posiciones relativas de un objeto y su imagen formada por una lente o por un espejo convergente. Sin duda este científico fue la más grande autoridad de la Edad Media, y tuvo una gran influencia sobre los investigadores que le siguieron, incluyendo a Isaac Newton.

Los árabes ya tenían lentes, pero muy imperfectas y rudimentarias. Tuvieron que pasar muchos años, hasta que en el año 1266, en la Universidad de Oxford, Inglaterra, el fraile franciscano inglés Roger Bacon (1214-1294) talló las primeras lentes con la forma de lenteja que ahora conocemos, y de donde proviene su nombre. En su libro *Opus Majus*, en la sección siete, dedicada a la óptica, Bacon describe muy claramente las propiedades de una lente para amplificar la letra escrita. Sin duda a Bacon se le puede considerar, en plena Edad Media, como el primer científico moderno partidario de la experimentación cuyos estudios son impresionantemente completos y variados para su época.

La razón por la cual no se habían fabricado lentes de calidad aceptable con anterioridad, era la ausencia de un buen vidrio. A principios de la Edad Media, la fabricación de vidrio de alta calidad era un secreto celosamente guardado por los artesanos de Constantinopla. Los bizantinos habían descubierto la necesidad de emplear productos químicos de muy alta pureza para obtener buena transparencia, al mismo tiempo que habían adquirido una gran habilidad en el tallado y pulido del vidrio. Durante la cuarta Cruzada, en 1204, los venecianos decidieron saquear Constantinopla en lugar de acudir a Tierra Santa, por lo que descubrieron sus secretos. Al regresar a Venecia, los invasores de Constantinopla se llevaron consigo un gran número de artesanos especializados en el manejo del vidrio, lo que les permitió después adquirir una gran reputación en toda Europa. Hasta la fecha, la artesanía del vidrio de Venecia tiene fama en todo el mundo.

Después de tallar las primeras lentes, el siguiente paso natural era montarlas en una armazón para colocar una lente en cada ojo, con el fin de mejorar la visión de las personas con defectos visuales. Como era de esperarse, esto se realizó en Italia, casi un siglo después, entre los años 1285 y 1300 d.C., aunque siempre ha existido la duda de si fue Alexandro della Spina, un monje dominico de Pisa, o su amigo Salvino de Armati, en Florencia. El primer retrato conocido de una persona con anteojos es el de un fresco pintado por Tomaso da Modena, en 1352, que se muestra en la figura 1.

Figura 1. Fresco de Tomaso da Modena donde se muestra una persona con anteojos, pintado en 1352.

II. La óptica instrumental

LA ÓPTICA instrumental es sin duda la primera que se desarrolló, debido a su gran utilidad práctica. La instrumentación óptica moderna requiere de una gran cantidad de conocimientos en muchas áreas, pero sin duda el más importante es la óptica geométrica, que se basa fundamentalmente en las leyes de la reflexión y la refracción de la luz. A continuación haremos una breve síntesis del desarrollo de esta área de la óptica.

II.1. HISTORIA DE LA ÓPTICA INSTRUMENTAL

Como es natural, la historia de la óptica geométrica e instrumental está íntimamente ligada a la historia de las lentes, al descubrimiento de las leyes de la reflexión, de la refracción, y de la formación de las imágenes, al igual que a la historia de la invención de los primeros instrumentos ópticos, como el telescopio, el microscopio y el espectroscopio. En cierto modo, la mayoría de los instrumentos ópticos posteriores son derivaciones o modificaciones de éstos, por lo que es sumamente interesante describir cómo se inventaron y desarrollaron.

Al fabricar las primeras lentes, más de dos siglos antes del inicio del Renacimiento, Roger Bacon (1214-1294) sugirió en Inglaterra la forma en que se podría hacer un telescopio, aunque nunca llegó a construir uno. Ya durante el Renacimiento volvió a progresar la óptica a grandes pasos, comenzando por el descubrimiento del telescopio, que se describirá más adelante. Es interesante saber que fue hasta después de que se construyeron los primeros telescopios, que Willebrord Snell (1591-1626),

Figura 2. Willebrod Snell (1591-1626). Copia al óleo por Zacarías Malacara M.

(Figura 2), en Leyden, Holanda, en 1621, descubrió la ley de la refracción. Esta ley es válida y exacta para cualquier magnitud del ángulo de incidencia y no solamente aproximada como la de Tolomeo. Snell era un matemático, más interesado en problemas matemáticos que en óptica. Independientemente de Snell, en 1637 René Descartes también encontró la misma ley, deduciéndola de analogías mecánicas. Esta ley es el pilar fundamental de la óptica geométrica, gracias a la cual fue posible establecer más tarde toda la teoría de la formación de imágenes con lentes y con espejos. La ley de Snell la podemos enunciar diciendo que el cociente de los senos de los ángulos de incidencia y de refracción, respectivamente, es igual a una constante característica del medio, *n*, a la que llamamos índice de refracción. Esto se puede representar por:

$$\frac{sen\, \theta_2}{sen\, \theta_1} = n$$

donde θ_1 es el ángulo de incidencia y θ_2 es el ángulo de refracción, respectivamente, que se miden con respecto a una línea imaginaria perpendicular a la superficie como se muestra en la figura 3. Estos índices de refracción son unas constantes, que tienen valores característicos para diferentes materiales, como se muestra en el cuadro 2. En general, el índice de refracción es tanto mayor cuanto más denso sea el material.

Pierre Fermat (1601-1665) en Toulouse, estableció su muy famoso principio que dice que la luz, al viajar de un punto a otro, atravesando uno o más medios con diferentes densidades, sigue la trayectoria que le tome el mínimo tiempo de recorrido. De este principio es posible deducir la ley de la refracción de Snell. Sir William Rowan Hamilton (1805-1865) probó en 1831 que el concepto de rayo de luz se puede usar con bastante precisión si la frecuencia de la onda de luz es muy alta, demostrando así que la óptica geométrica es sólo un caso particular de la óptica de ondas. Con esto se validaba el concepto de rayo luminoso, que tanto se ha usado para diseñar sistemas ópticos.

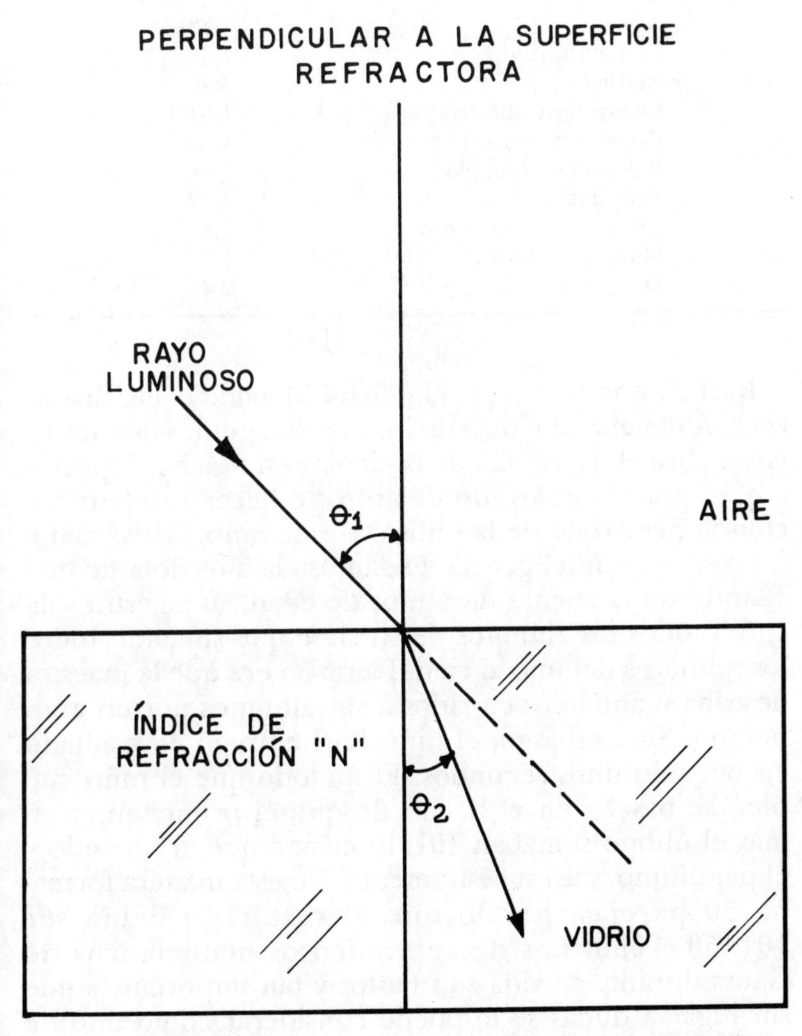

Figura 3. Refracción de un rayo luminoso, siguiendo la ley de Snell.

Cuadro 2. Índices de refracción de algunos materiales transparentes

Material	*Índice de refracción*
Vacío	1.0000
Aire	1.0003
Agua	1.33
Cuarzo fundido	1.46
Acrílico	1.49
Crown borosilicato	1.51
Crown ordinario	1.52
Bálsamo de Canadá	1.53
Flint ligero	1.57
Crown de bario denso	1.62
Flint extra denso	1.72
Diamante	2.42

Karl Friedrich Gauss (1777-1855) nacido en Brunswick, Alemania, fue otro de los grandes genios que trabajaron para el desarrollo de la ciencia en muchos aspectos y que, por supuesto, no dejaron de hacer su contribución al desarrollo de la óptica. Desde niño, Gauss manifestó su gran inteligencia. Es famosa la anécdota de que cuando tenía apenas diez años de edad, su maestra solicitó a todos los alumnos de su clase que sumaran todos los números del uno al cien. La razón era que la maestra deseaba mantener ocupados a sus alumnos por un gran tiempo. Sin embargo, el niño Karl entregó el resultado en tan sólo unos segundos. El método que el niño empleó se basaba en el hecho de que el primer número más el último sumaban 101, lo mismo que el segundo y el penúltimo, y así sucesivamente. De esta manera formaba 50 parejas, por lo que el resultado debía ser 101×50=5 050. Los descubrimientos matemáticos de Gauss durante su vida son tantos y tan importantes que sin lugar a dudas se le puede considerar como uno de los mejores matemáticos que han existido. La contribución de Gauss a la óptica fue el establecimiento de la teoría de primer orden de la óptica geométrica, que se basa en la ley de la refracción y en consideraciones geométricas, para calcular las posiciones de las imágenes y sus tamaños, en los sistemas ópticos formados por lentes y espejos. Esta teoría, hasta la fecha, se sigue usando con mucho éxito para diseñar todo tipo de instrumentos ópticos, y con ella es posible, por ejemplo, calcular las posiciones del objeto y de la imagen formada por una lente convergente simple, es decir, aquella que hace que los rayos que entren paralelos a la lente converjan a un punto llamado foco, como se muestra en la figura 4.

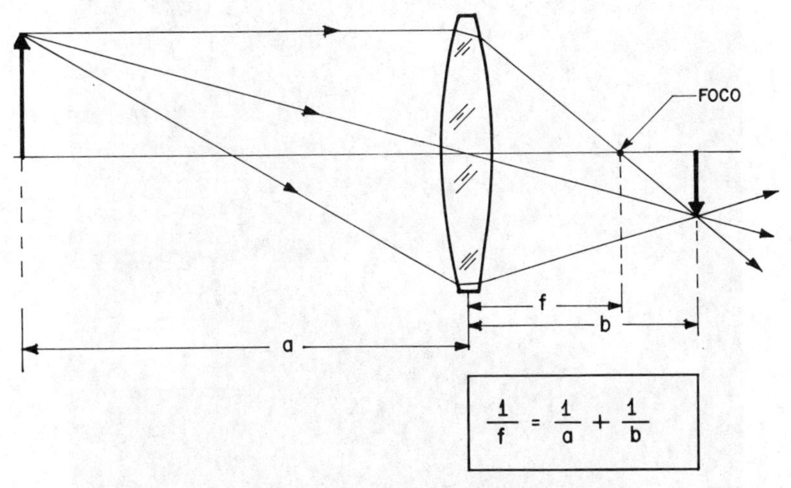

Figura 4. Formación de una imagen con una lente.

II.2. EL TELESCOPIO

La historia del telescopio es una de las más interesantes e importantes en la trayectoria de la evolución de la ciencia y comienza a fines del siglo XVI o principios del XVII. Se han mencionado tres candidatos para su invención. El primero de ellos es el italiano Gianbattista della Porta, quien en 1589 escribió en su libro *Magia Naturalis* una descripción que parece ser la de un telescopio. Sin embargo, la mayoría de los historiadores creen que él no fue su descubridor, aunque quizá estuvo a punto de serlo.

Figura 5. Galileo Galilei (1564-1642). Copia al óleo por Zacarías Malacara M.

Otro posible inventor que se ha mencionado es Zacarias Jansen en 1590 en Holanda, pues se han encontrado escritos donde se afirma esto. Se ha llegado a decir que las imperfecciones de ese telescopio eran tan grandes que tan sólo obtenía una amplificación aproximada de tres. Sin embargo, hay serias razones basadas en la personalidad de Jansen para creer que se trata de atribuciones incorrectas, ya que tenía reputación de deshonesto.

El más probable descubridor de este instrumento es el holandés Hans Lippershey, quien, según cuidadosas investigaciones históricas, construyó un telescopio en el año de 1608. Lippershey era un fabricante de anteojos en Middlesburgh, Zelandia, y nativo de Wesel. No era muy instruido, pero a base de ensayos descubrió que con dos lentes, una convergente lejos del ojo y una divergente cerca de él, se veían los objetos lejanos más grandes. Llegó incluso a solicitar una patente, pero por considerarse que el invento ya era del dominio público no le fue otorgada. Esta negativa fue afortunada para la ciencia, pues así se difundió más fácilmente el descubrimiento. Como es de suponerse, Lippershey no logró comprender cómo funcionaba este instrumento, pues lo había inventado únicamente con base en ensayos experimentales, sin ninguna base científica. El gobierno holandés regaló al rey de Francia dos telescopios construidos por Lippershey. Estos instrumentos se hicieron tan populares que en abril de 1609 ya podían comprarse en las tiendas de los fabricantes de lentes de París.

Galileo Galilei (1564-1642) (Figura 5) se enteró de la invención de Lippershey en mayo de 1609, cuando tenía la edad de 45 años y era profesor de matemáticas en Padua, Italia. Estaba en Venecia cuando oyó de esta invención, así que rápidamente regresó a Padua, y antes de veinticuatro horas había construido su primer telescopio, con un par de lentes que encontró disponibles. Este instrumento estaba formado por dos lentes simples, una convergente y una divergente, colocadas en los extremos de un tubo de plomo tomado de un órgano, y tenía una amplificación de tan solo tres veces (3X). La figura 6(a) muestra el diagrama del telescopio. Los resultados fueron tan alentadores para Galileo que inmediatamente se dio a la tarea de construir otro con una amplificación de ocho veces. El 8 de agosto de 1609 Galileo invitó al Senado veneciano a observar con su telescopio los barcos lejanos, desde la torre de San Marcos, y más tarde se lo regaló, con una carta en la que les explicaba su funcionamiento. Sus amigos en Venecia se quedaron maravillados, pues con el telescopio podían ver naves situadas tan lejos que transcurrían dos horas antes de que pudieran verse a simple vista. Era evidente la utilidad de este instrumento en tiempo de guerra, pues así se podían detectar más fácilmente posibles invasiones por mar. El Senado de Venecia, en agradecimiento, le duplicó a Galileo el salario a mil escudos por año y lo nombró profesor vitalicio de Padua, una ciudad perteneciente a Venecia.

A diferencia de Lippershey, Galileo comprendió un poco mejor cómo funcionaba el telescopio. Esto le permitió construir un instrumento con amplificación de 30X que se encuentra ahora en el Museo de Historia de la Ciencia en la ciudad de Florencia. Con él pudo descubrir en Padua los satélites de Júpiter y los cráteres de la Luna. La desventaja de este instrumento era que su campo era tan pequeño que abarcaba apenas un poco menos que la cuarta parte del diámetro de la Luna.

En marzo de 1611 Galileo se dirigió a Roma a mostrar su telescopio a las autoridades eclesiásticas. Como resultado de esta visita fue invitado a ingresar a la selecta *Academia del Lincei* (ojos de lince), presidida por el príncipe Federico Cesi, y ofrecieron un banquete muy importante en su honor. Cuando llegaron los invitados, observaron a través del telescopio lo que había a varios kilómetros de distancia. Después de la cena observaron a Júpiter con sus satélites. Más tarde Galileo desmanteló el telescopio para que todos pudieran ver las dos lentes que lo formaban. A este instrumento le habían dado el nombre en latín de *Perspicillum* o *Instrumentum*, pero se dice que fue en aquel banquete cuando públicamente el príncipe Cesi introdujo la palabra "telescopio".

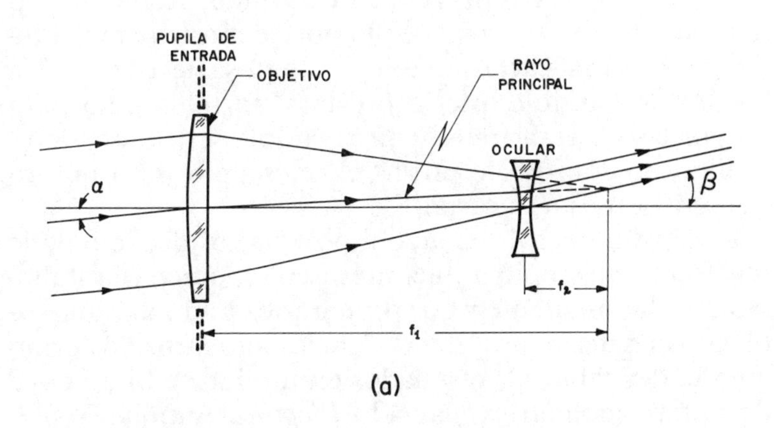

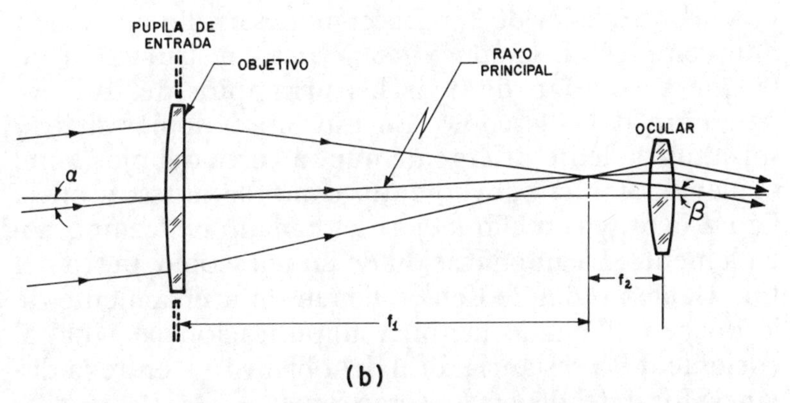

Figura 6. Esquema de los telescopios de Galileo y de Kepler: (a) galileano y (b) kepleriano.

Johannes Kepler (1571-1630), astrónomo alemán de gran reputación en Europa por su descubrimiento de las tres leyes fundamentales del movimiento planetario, recibió una copia del libro *Mensajero de las estrellas* escrito por Galileo de manos del embajador toscano en Praga, con una solicitud indirecta de Galileo de que le diera su opinión sobre el libro. Kepler no poseía ningún telescopio, por lo que no estaba en posibilidad de confirmar directamente los descubrimientos de Galileo. Sin embargo, basado en la reputación de Galileo, Kepler creyó todo lo que ahí se decía, por lo que se mostró muy entusiasta. En una carta amable y elogiosa le contestó a Galileo, rogándole que le prestara un telescopio para repetir las observaciones y ofreciéndole ser su escudero. Galileo no sólo no le prestó el telescopio, sino que ni siquiera contestó su carta.

En agosto de 1610 el arzobispo Ernesto de Colonia le regaló un telescopio a Johannes Kepler, quien lo estudió muy cuidadosamente y por primera vez pudo dar una explicación satisfactoria de su funcionamiento. Posteriormente, describió sus resultados en un libro monumental de óptica geométrica, llamado *Dioptrice.* Aunque Kepler no encontró la ley de la refracción, desarrolló una teoría muy completa de la óptica geométrica e instrumental, de la que se podían deducir los principios del funcionamiento del telescopio. En este libro Kepler sugirió substituir la lente divergente que va cerca del ojo (lente ocular) por una convergente, como se muestra en la figura 6(b), y con ello mejoró el tamaño del campo notablemente. La amplificación de un telescopio, ya sea del tipo Galileo o del de Kepler, tienen un acercamiento de la imagen (llamado también amplificación *m*) igual al cociente de la distancia focal del objetivo f_{ob}, entre la distancia focal del ocular f_{oc}, como sigue:

$$m = \frac{f_{ob}}{f_{oc}}$$

El desarrollo del telescopio ha continuado hasta el presente, en que se está ya planeando colocar un telescopio muy grande y preciso en órbita alrededor de la Tierra.

Sin embargo, no daremos aquí mayores detalles, pero sugerimos al lector el libro *Telescopios y estrellas,* de esta misma colección. Para concluir esta sección, la figura 7 muestra un telescopio astronómico construido en México.

Figura 7. Telescopio de Cananea, Sonora, construido en el Instituto Nacional de Astrofísica, Óptica y Electrónica, por Daniel Malacara, José Castro, Alejandro Cornejo y colaboradores.

II.3. El microscopio

Antonie van Leeuwenhoek (1632-1703) en 1674, en Holanda, se enteró de que los objetos cercanos vistos a través de una lente convergente se observaban de mayor tamaño. Incitado por la curiosidad aprendió a tallar las pequeñas lentes que necesitaba. Queriendo observar los objetos cada vez de mayor tamaño, hizo las lentes cada vez más pequeñas y de distancia focal más corta, construyendo así el primer microscopio simple. Con este instrumento Leeuwenhoek trabajó casi todo el resto de su vida, y con él descubrió los primeros microorganismos. Cualquier aficionado puede ahora construir un microscopio simple con amplificación cercana a cien, montando sobre una rondana pequeña una lentecilla, que se puede obtener rompiendo un foco miniatura de los llamados de gota, que se usan en las lámparas de mano. Después, se coloca la lente lo más cerca posible del ojo, y el objeto a observar del otro lado de la lente, también muy cerca de ella, a la distancia en que se observe lo más claro y definido posible. Con un microscopio tan sencillo como éste es posible observar objetos muy pequeños, como las células de la cebolla.

Algunos años antes, en 1665, sin relación alguna con Leeuwenhoek, Robert Hooke (1635-1703) había construido el primer microscopio compuesto, el que describía en su libro *Micrographia.* Este microscopio usaba una lente muy pequeña como objetivo, para formar una imagen amplificada del objeto frente a otra lente convergente llamada ocular, y tenía un soporte mecánico muy perfeccionado para su época. Desgraciadamente las lentes eran aún muy rudimentarias y tenían multitud de defectos. Debido a esto, el microscopio compuesto no producía muy buenas imágenes, por lo que tuvo al principio más éxito el microscopio simple de Leeuwenhoek (Figura 8).

Un progreso inmenso en la construcción del microscopio compuesto se logró gracias a J. J. Lister, un comerciante de vinos, que en 1830 inventó el objetivo acromático y aplanático. A partir de entonces se olvidó el microscopio simple, y el compuesto se volvió una herramienta indispensable en los laboratorios.

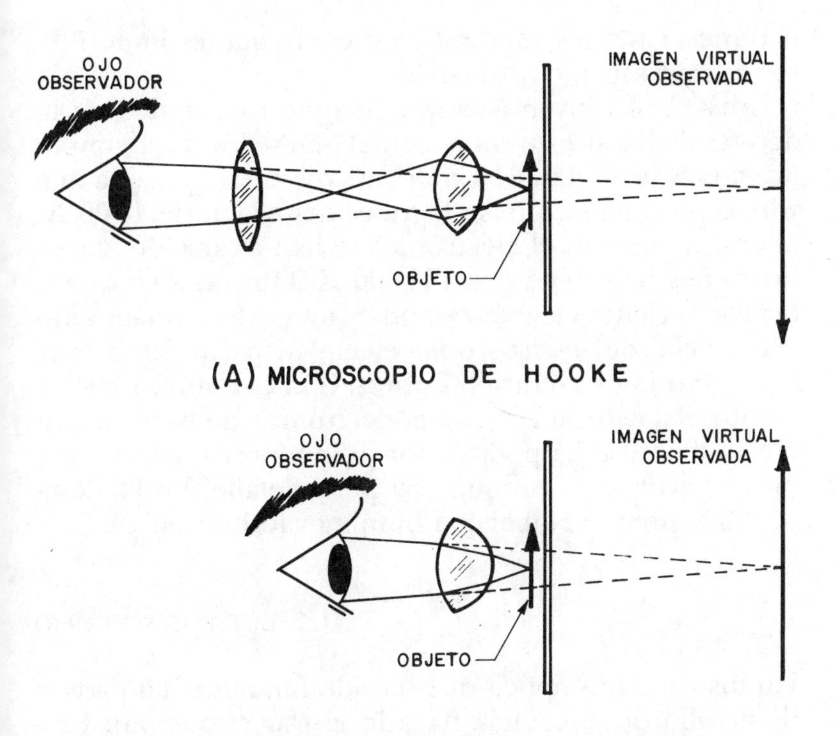

Figura 8. Esquema de los microscopios de Leeuwenhoek y Hooke.

Otro avance espectacular se logró en 1870, gracias a los trabajos de Ernest Abbe, quien primero fue empleado y posteriormente socio de la compañía Carl Zeiss. Los trabajos de Abbe no solamente fueron prácticos como los anteriores, sino que hizo un trabajo teórico matemático muy detallado del instrumento.

La microscopía ha hecho continuos progresos hasta la fecha, pero uno de los progresos más espectaculares en este campo es el del microscopio de contraste de fase, inventado por Fritz Zernike en 1938, y gracias al cual le fue otorgado el premio Nobel de Física en 1953. Con este microscopio es posible observar microorganismos transparentes, sin necesidad de teñirlos, lo que es imposible con el microscopio ordinario.

Ernst Ruska inventó el microscopio electrónico en la década de los años treinta, con el que se lograron amplificaciones formidables. Con el microscopio óptico la mayor amplificación que se logra es del orden de 1 000 X, mientras que con el electrónico se han alcanzado amplificaciones mayores a los 100 000 X. Otro avance espectacular reciente en este campo es un perfeccionamiento substancial del microscopio electrónico, en Suiza, por Gerd Binning y Heinrich Rohrer. Con este nuevo instrumento, llamado microscopio electrónico de barrido con efecto túnel, se ha podido por primera vez observar átomos individuales, aunque con poco detalle. Ruska compartió el premio Nobel con Binning y Rohrer en 1986.

II.4. El espectroscopio

Un instrumento óptico que ha sido fundamental para el desarrollo de la ciencia ha sido el espectroscopio. Gracias a él se han podido analizar los espectros de luz emitidos por fuentes luminosas de todo tipo. Con el estudio de estos espectros se ha podido determinar la estructura del átomo y de las moléculas, además de la constitución química de todo tipo de fuentes luminosas, entre las que se cuentan los cuerpos celestes como las estrellas y las nebulosas.

El espectroscopio descompone la luz que le llega de los objetos en sus colores constituyentes, formando así lo que llamamos espectro. A continuación se hará una breve descripción de los antecedentes históricos de este instrumento, que comienzan con sir Isaac Newton.

En 1672 sir Isaac Newton (1642-1727) (Figura 9), nació en Woolsthorpe, Inglaterra, el día de Navidad de 1642, el mismo año en que murió Galileo. Newton es probablemente el mayor científico que ha dado la hu-

Figura 9. Sir Isaac Newton (1642-1727).

manidad. Son necesarios varios libros solamente para describir sus descubrimientos sobre la teoría de la gravitación, las leyes de la mecánica, las matemáticas, y por supuesto, sobre la óptica. De niño fue un estudiante mediocre y distraído, al que sólo le apasionaba realizar proyectos e inventos muy ingeniosos para su edad. Era el típico genio distraído, a tal grado que en una ocasión quiso saber cuánto tardaba un huevo en cocerse, y puso el reloj en el agua mientras sostenía el huevo con la mano. A los dieciocho años ingresó al Trinity College de la Universidad de Cambridge, donde se graduó en poco tiempo. Escribió varios libros que ahora son clásicos de la ciencia. Uno de ellos se titula *Optics*, y en él describe todos sus experimentos y teorías sobre la luz.

Newton publicó un documento científico en el que describía sus experimentos sobre el bien conocido fenómeno de la dispersión cromática de la luz en prismas. Newton probó que se obtiene luz blanca con la superposición de todos los colores (Figura 10), dando así inicio a la espectroscopia.

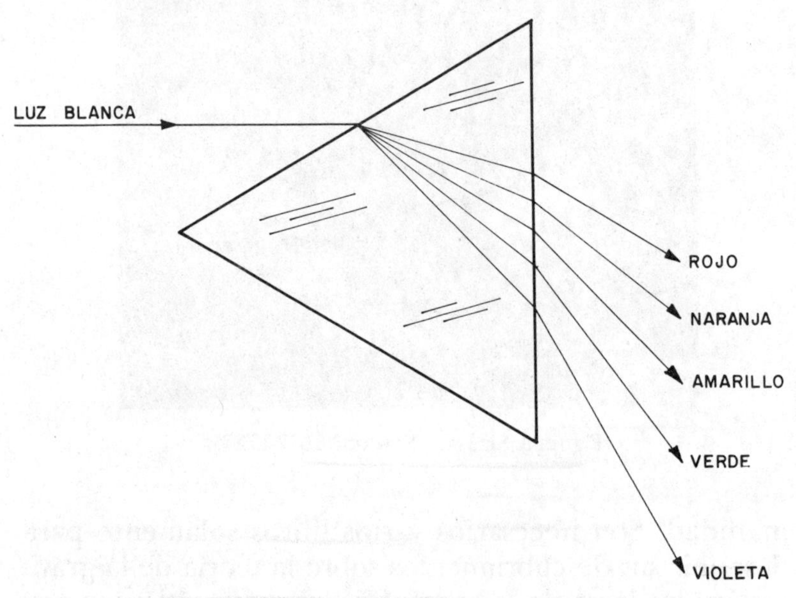

Figura 10. Dispersión cromática en un prisma.

Al comenzar el siglo pasado, Wollaston en 1802 y un poco más tarde Josef von Fraunhofer (1787-1826) en 1807 aplicaron el fenómeno de la dispersión cromática de la luz descubierto por Newton, a fin de construir un espectroscopio para analizar la luz de las estrellas y del Sol de manera especial. Con este instrumento descubrieron las líneas negras en el espectro solar, las que fueron llamadas líneas de Fraunhofer. Una gran cantidad de investigadores, entre ellos David Brewster, William Henry Fox Talbot y Bunsen comenzaron una serie muy larga de experimentos para asociar las diferentes líneas, tanto brillantes como obscuras del espectro, con diferentes elementos o compuestos químicos. En 1859 Kirchhoff publicó un artículo en el cual las líneas de Fraunhofer eran interpretadas como absorción por gases más fríos en la atmósfera solar. Con base en las primeras observaciones, A. J. Angstrom (1814-1874) hizo en Suecia el primer atlas del espectro solar. Había así nacido ya la ciencia de la espectroscopia, que tan útil ha sido tanto a los químicos como a los astrónomos.

II.5. Los instrumentos ópticos modernos

La teoría que desarrolló Gauss para el cálculo de las posiciones del objeto y las imágenes producidas por las lentes es muy útil para diseñar sistemas ópticos en forma bastante aproximada y se sigue usando hasta la fecha. Sin embargo, esta teoría no es suficiente para diseñar un sistema óptico perfecto, es decir, que forme imágenes de alta calidad y definición. La razón es que existen unos defectos de las imágenes formadas por las lentes, llamados aberraciones. Estas aberraciones sólo se pueden calcular con una teoría para la formación de las imágenes mucho más completa y precisa que la de Gauss. En 1856, L. Seidel desarrolló y publicó por primera vez una teoría más completa que la de Gauss para el diseño de sistemas ópticos. Esta teoría fue posteriormente perfeccionada y ampliada por múltiples investigadores a principios de este siglo, entre los que destaca de manera notable A. E. Conrady, quien publicó su famoso libro *Applied Optics and Optical Design* en 1929, estableciendo así las bases fundamentales para el diseño de lentes de alta calidad. Los avances más impresionantes en este campo se han realizado después de la aparición de las computadoras electrónicas, pues sólo con ellas ha sido posible diseñar con alta precisión, simulando en la computadora el paso de la luz a través de la lente. El primer paso en el proceso de diseño consiste en la proposición de un sistema de lentes, basado en la experiencia del diseñador. El segundo paso es estudiar por medio de la computadora cómo se comporta la luz al pasar a través del sistema, sin tener que construirlo. Si el resultado no es el deseado, se modifican los parámetros de las lentes, es decir, los radios de curvatura, los tipos de vidrios, etc., en la computadora, y se repite el proceso hasta que el resultado es satisfactorio. El siguiente paso natural sería hacer que la computadora tomara la decisión de cómo modificar el sistema óptico para tratar de mejorarlo. Aunque esto no se ha logrado completamente, ya se ha conseguido una automatización más o menos satisfactoria. El primer diseño semiautomático de lentes se efectuó en la Universidad de Harvard en 1952.

Con la posibilidad de diseñar mucho mejores lentes surgió la necesidad de contar con mejores técnicas para la evaluación de su calidad. A fin de ayudar a satisfacer tal necesidad, E. W. H. Selwyn y J. L. Tearly inventaron en 1946 el concepto de la "función de transferencia" de una lente, que es el análogo de la "respuesta de frecuencias" de un amplificador electrónico. Las técnicas de prueba y de construcción de lentes siguen todavía perfeccionándose día a día, con el auxilio del rayo láser, que se describirá más adelante, y de la propia computadora.

Los modernos instrumentos ópticos de precisión son increíblemente más perfectos que los de hace tan sólo veinte o treinta años. Por ejemplo, una cámara aérea fina puede distinguir fotográficamente objetos cien veces más pequeños que antes, lo cual tiene una gran ventaja para fines militares, para estudios de la superficie terrestre desde satélites, o para investigación astronómica.

III. La metrología óptica

La metrología óptica es la rama de la óptica que tiene como propósito efectuar medidas de muy alta precisión usando las ondas de la luz como escala. Esto se hace por medio de unos instrumentos llamados interferómetros, basados en el fenómeno de la interferencia, que se describirá más adelante. Ya que dicha aplicación está fundamentada en la naturaleza ondulatoria de la luz, se comenzará por describir brevemente la historia del desarrollo de los conceptos sobre la naturaleza de la luz. Posteriormente, se tratarán las principales aplicaciones de la metrología óptica.

III.1. La naturaleza de la luz

La naturaleza de la luz ha sido un enigma muy atractivo e interesante para los hombres, desde la más remota antigüedad. Los griegos pitagóricos, alrededor de 530 a.C., al igual que Aristóteles doscientos años más tarde, creían que la visión era causada por partículas que emitía el cuerpo luminoso, que llegaban después al ojo. Sin embargo, los filósofos Platón, Euclides y Claudio Tolomeo, creían que era justo lo contrario, es decir, que las partículas salían del ojo para llegar después al objeto observado. Alhazen, en Arabia, estaba convencido de que el punto de vista de Aristóteles era el correcto, es decir, que la luz salía de los objetos y que al penetrar en el ojo producía la sensación visual. Sin embargo, no se hacía todavía ninguna conjetura sobre la naturaleza de estas emanaciones de las fuentes luminosas.

La primera suposición más o menos razonada se hizo durante la Edad Media, en el sentido de que la luz era un flujo de partículas de naturaleza desconocida. Newton pensó con muy buenos argumentos científicos, adecuados a su tiempo, que la luz estaba formada por corpúsculos de diferentes tamaños y velocidades, los que inducían vibraciones en el medio en el cual se propagaba la luz, al que se llamaba éter, de acuerdo con su tamaño y velocidad. Sin embargo, siempre le quedó la duda de si la luz era en realidad una partícula o una onda, pues conocía los fenómenos de la difracción y de la doble refracción, que no podía explicar. Estas ideas fueron mal interpretadas en su tiempo, pues se creyó que Newton postulaba sin sombra de duda una teoría completamente corpuscular. La gran autoridad que Newton ejerció tanto sobre sus colegas como sobre sus sucesores, unida a la influencia de esta mala interpretación, fue tan grande que aun científicos tan importantes como sir David Brewster se opusieron rotundamente a la teoría ondulatoria. Paradójicamente, como veremos más adelante, Brewster realizó estudios muy importantes sobre la polarización de la luz.

Francesco Maria Grimaldi (1618-1663) ingresó a la Compañía de Jesús a la edad de catorce años. En 1648, siendo ya jesuita, se le ofreció la cátedra de matemáticas en Bolonia. En un experimento que realizo ahí, dejó que penetrara la luz del Sol a un cuarto obscuro a través de un pequeño agujero en una cartulina (Figura 11). Hizo después pasar esta luz a través de otra cartulina perforada, con dimensiones que midió muy cuidadosamente. Descubrió que la luz proyectaba una mancha mayor que la esperada si la propagación de la luz fuera rectilínea. En algunos otros experimentos observó que la orilla de la sombra en lugar de estar bien definida,

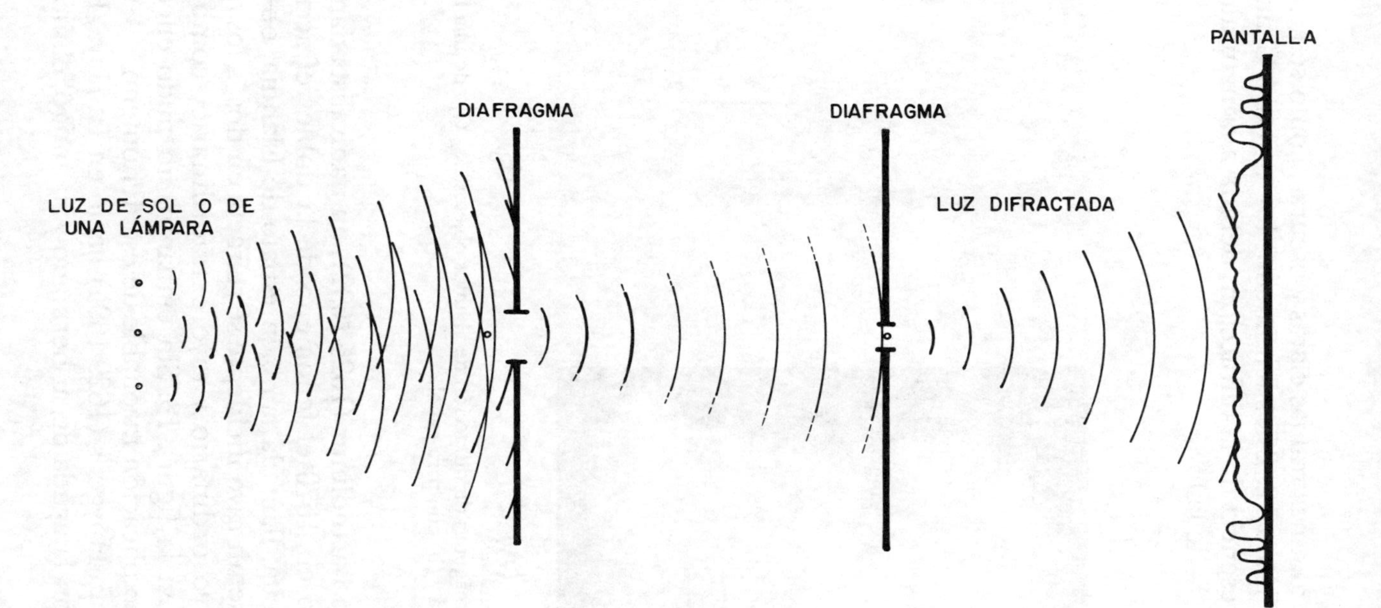

Figura 11. Experimento que muestra el fenómeno de la difracción.

mostraba algunas franjas claras y oscuras, como se muestra en la figura 12. Estos fenómenos los atribuyó Grimaldi a la presencia de la difracción, debida a la naturaleza ondulatoria de la luz.

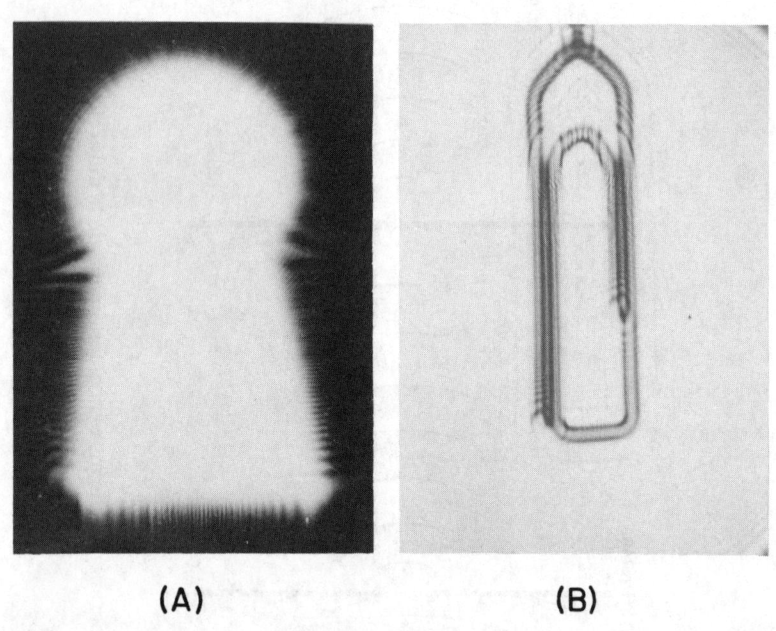

Figura 12. Imágenes de difracción de algunos objetos. (a) Ojo de una llave de cerradura y (b) clip para papel.

Erasmo Bartholinus (1625-1692), un naturalista danés, descubrió en 1670 el fenómeno de la doble refracción en la calcita, llamada también espato de Islandia, observando que un rayo incidente se refracta en dos, a los que llamó rayo ordinario y rayo extraordinario, como se muestra en la figura 13. Sin embargo, no pudo encontrar una explicación razonable de este fenómeno.

Christian Huygens (1629-1695) nació en La Haya, Holanda. Con la ayuda de su hermano y su amigo, el filósofo Baruch Spinoza, hizo estudios ópticos y astronómicos muy importantes. Fue el primero en identificar la aureola que vio Galileo alrededor de Saturno, como un anillo. En 1678, Huygens postuló que la luz era de naturaleza ondulatoria, es decir, que era como una onda. A fin de explicar la birrefringencia, supuso que el rayo ordinario correspondía a una onda esférica, mientras que el extraordinario correspondía a una onda esferoidal oblata, es decir, con la forma de una esfera achatada. Ésta es la explicación correcta; sin embargo, no convenció a nadie debido a que cometió el error de suponer que la luz era una onda longitudinal como el sonido, es decir, que la vibración ocurría en la misma dirección de la propagación de la onda. Con ayuda de su teoría, Huygens explicó la reflexión, la refracción, la interferencia y la difracción, aunque sólo en forma cualitativa.

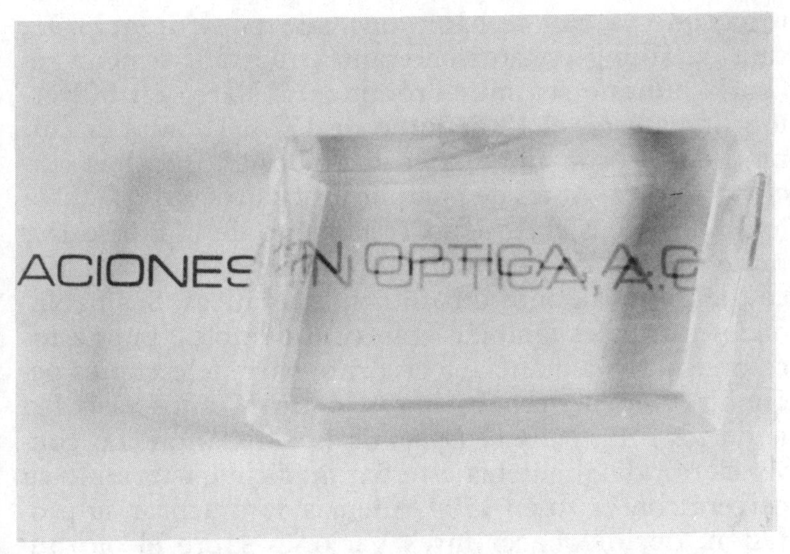

Figura 13. Fenómeno de la birrefringencia en calcita.

Robert Hooke (1635-1703) era ayudante de Robert Boyle cuando en 1665 descubrió el fenómeno de la interferencia, al observar los brillantes colores de las pompas de jabón y las películas de aceite en agua. Hooke interpretó correctamente sólo en forma parcial sus observaciones, las que relacionó indirectamente con movimientos ondulatorios longitudinales.

Hooke propuso que la luz se propagaba en ondas transversales, introduciendo así el concepto de polarización de la luz. Ya con el concepto de polarización se podía explicar la doble refracción, pero no se veía en este tiempo cómo era posible esto. Fue Etienne-Louis Malus quien en París en 1775 resolvió el enigma, con sus múltiples observaciones de fenómenos relacionados con la luz polarizada.

Thomas Young (1773-1829), médico de profesión y arqueólogo de gran éxito, describió en 1801 en Inglaterra algunos experimentos, entre los cuales el más importantes era el de la doble rendija. Con este experimento Young trataba de hacer resurgir la teoría ondulatoria, que ya casi se había olvidado por entonces. La vida de Young es tan interesante, que vale la pena relatarla aunque sea muy brevemente. Nació en Milverton, Inglaterra, el 13 de junio de 1773. Thomas era un niño tan precoz que a la edad de dos años ya leía con cierta fluidez. Antes de cumplir los cuatro años ya había leído dos veces el Antiguo Testamento de la Biblia. Durante su infancia aprendió latín, italiano, francés, cirílico, hebreo y algunos otros idiomas asiáticos. Sus habilidades manuales también eran considerables, pues a los catorce años ya manejaba el torno, hacía telescopios pequeños y encuadernaba libros. A los 17 años ya había leído los *Principia* y el *Optics* de Isaac Newton. Lo convencieron de que debía estudiar medicina, y terminó su carrera con éxito en 1799. Además de practicar su profesión, decidió hacer investigaciones sobre el ojo humano, lo que lo llevó a descubrir el astigmatismo y a inventar un optómetro para medir los defectos de refracción del ojo.

Poco más tarde comenzó a realizar investigaciones sobre la visión en color, postulando que la visión de los colores es debida a que en el ojo existen tres tipos diferentes de receptores, cada uno de ellos sensible a un color diferente: rojo, amarillo o azul, a los que llamó colores primarios. Como sabemos, esta teoría ha permanecido vigente con pocas modificaciones hasta nuestros días.

En 1801 Young hizo su famoso experimento de la doble rendija, con lo que demostró la existencia de la interferencia de la luz. Con ello, Young se inició como uno de los principales defensores de la teoría ondulatoria de la luz.

Por aquellos años, las tropas francesas descubrieron durante el transcurso de unas excavaciones en un pueblo llamado Rosetta, en el delta del Nilo, en Egipto, una piedra con textos en tres lenguajes desconocidos. La utilidad de descifrar estos textos era obvia, pues abría las puertas a la posibilidad de interpretar los jeroglíficos egipcios. La piedra cayó después en manos de los ingleses, quienes la llevaron al Museo Británico, donde aún se encuentra. Muchos intentaron descifrar la piedra sin éxito alguno, hasta que en 1814 Young se interesó en ella y logró descifrarla. En 1821, dos años después de que Young publicó sus resultados, Jean François Champollion, un egiptólogo profesional, hizo una mejor y más completa interpretación, pero sin reconocer los esfuerzos de Young.

En 1808, Etienne-Louis Malus (1775-1812) descubrió la polarización de la luz por medio de la reflexión al observar que la luz, al reflejarse en vidrio o agua, presentaba el mismo fenómeno que cada una de las dos imágenes que aparecían por birrefringencia al pasar a través del espato de Islandia. Este fenómeno consiste en que, al ser observadas las imágenes a través de un segundo trozo de espato de Islandia, la imagen aparece o desaparece según su orientación. A este fenómeno se le llamó polarización.

Poco después, en 1815, sir David Brewster (1781-1868) hizo un estudio bastante completo del fenómeno de la polarización. Es interesante saber un poco sobre la vida de Brewster, quien nació en 1781 en Jedburgh, Roxburghire, Escocia. Comenzó sus actividades en óptica a la temprana edad de diez años, construyendo un telescopio. A los doce años ingresó a la Universidad de Edimburgo. En 1812 Brewster se enteró del descubrimiento de Malus sobre la polarización. Al hacer experimentos sobre este fenómeno, pronto encontró que la luz reflejada queda polarizada completamente cuando la tangente del ángulo de incidencia es igual al índice de refracción. A este ángulo se le conoce ahora como ángulo de Brewster. Una anécdota interesante de este investigador es que inventó el famosísimo caleidoscopio, que tuvo un éxito y popularidad grandísimos. Trató sin éxito de patentarlo, y ese fracaso lo defraudó profundamente.

El establecimiento definitivo de una teoría ondulatoria transversal de la luz más formal se obtuvo alrededor de 1823 en Normandía, gracias a los trabajos tanto teóricos como experimentales de Augustin Fresnel, quien nació en Broglie, Francia, el 10 de mayo de 1788 y murió en el año de 1827. Con su teoría se explicaban todos los fenómenos luminosos hasta entonces conocidos.

Es curioso que, a pesar de que cada día se entendía mejor la naturaleza de la luz, no se había todavía medido, a finales del siglo XVII, su velocidad de propagación. La primera medición fue efectuada en forma indirecta mediante medios astronómicos por Ole Romer (1644-1710) en 1673. Su método consistió en medir los periodos de traslación de los satélites de Júpiter alrededor del planeta. No fue sino hasta 1849 cuando H. L. Fizeau (1819-1896) midió por primera vez en forma directa la velocidad de propagación de la luz. León Foucault probó experimentalmente en 1850 que la velocidad de la luz es menor en un medio denso que en el vacío, obteniendo que el factor en el que se reduce esta velocidad al entrar a un cuerpo transparente es justamente el valor del índice de refracción. Así, se puede escribir:

$$c/v = n$$

donde v es la velocidad de la luz en el medio y c es la velocidad de la luz en el vacío.

En 1864 ya estaba aceptada la teoría ondulatoria; sin embargo, era completamente desconocido el tipo de onda que era la luz. En este año el físico escocés James Clerk Maxwell (1831-1879) planteó su teoría electromagnética de la luz, con la que probó que la luz es una onda electromagnética transversal de la misma naturaleza que las ondas de radio, que aún no se habían descubierto, diferenciándose de éstas sólo en que su frecuencia es mucho mayor, como se muestra en la figura 14. Maxwell tuvo tanto éxito con su teoría que pudo explicar cualitativa y cuantitativamente todos los fenómenos luminosos conocidos entonces y aun predecir otros más. Lo más interesante fue que obtuvo el valor de la velocidad en el vacío calculándola teóricamente a partir de constantes eléctricas conocidas del vacío.

En 1883, Gustav Kirchhoff (1824-1887) derivó en Berlín su teoría escalar de la difracción. Esta teoría se puede considerar como una aproximación a la de Maxwell o como una mejoría de la de Fresnel. Heinrich Rudolph Hertz (1857-1894) en 1886 en Alemania demostró experimentalmente la existencia de las ondas de radio, confirmando así sin lugar a dudas la teoría electromagnética de Maxwell.

Al calentarse un cuerpo cualquiera emite luz, generalmente no monocromática, con una distribución de longitudes de onda (colores) a la que llamamos "espectro",

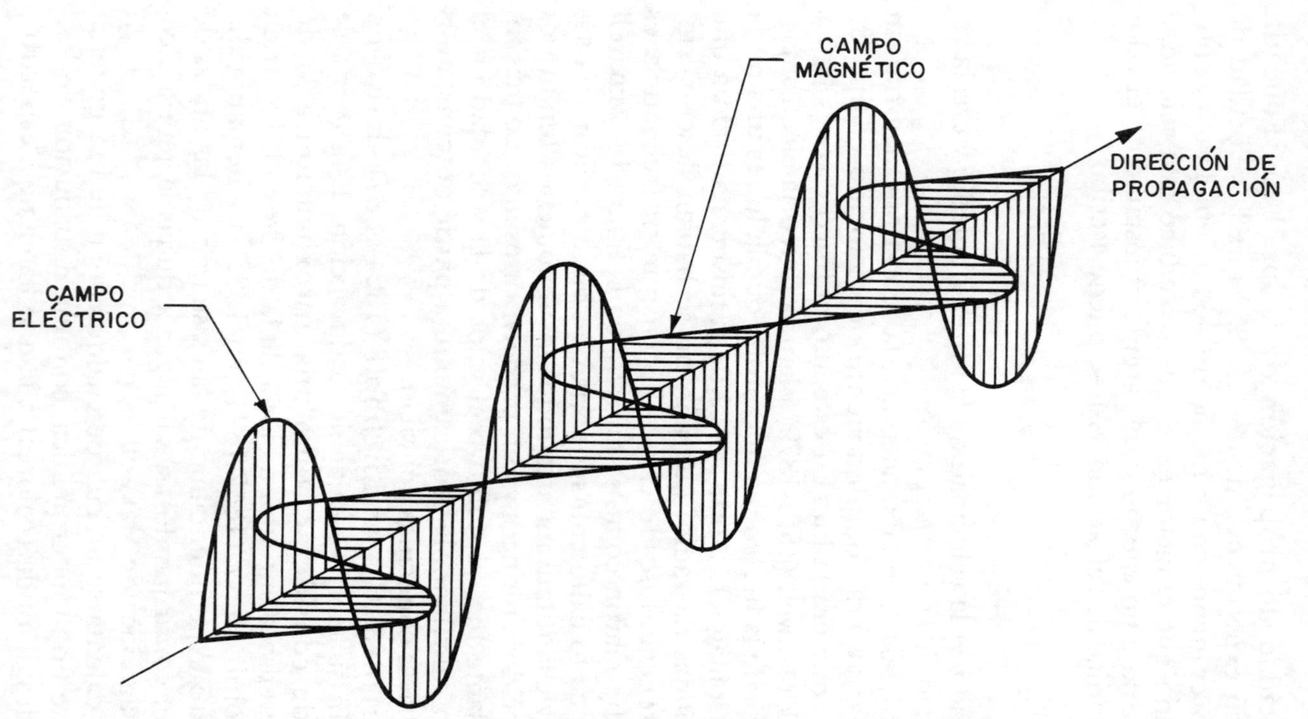

Figura 14. Una onda luminosa, con el campo eléctrico vertical y el campo magnético horizontal.

que depende tanto de la temperatura como del tipo de material del que esté hecho el cuerpo.

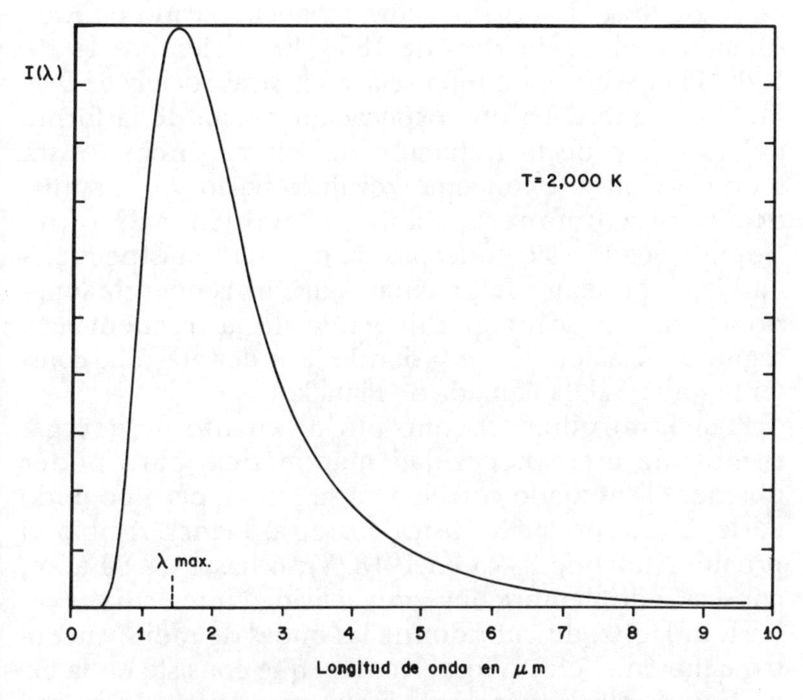

Figura 15. Espectro de emisión del cuerpo negro.

Si un cuerpo, bien sea por su color o por su forma, absorbe toda la energía luminosa que le llega, se llama en física "cuerpo negro". Este cuerpo negro puede hacerse con una esfera hueca y cerrada, con un agujerito muy pequeño para observar la radiación luminosa proveniente del interior cuando se le calienta. Ahora bien, el espectro de la radiación luminosa emitida por un cuerpo negro, depende solamente de su temperatura y no del material del que esté hecho el cuerpo. Esta distribución o espectro tiene la forma representada en la figura 15.

Hasta el año 1895 el espectro observado era muy difícil de explicar por medio de una teoría física adecuada. La teoría buscada tuvo que romper algunos de los principales conceptos de la física de entonces, lo que quedó a cargo de Max Carl Ernst Ludwig Planck, nacido en Kiel, Alemania, el 23 de abril de 1858. En diciembre 14 de 1900, Planck envió un reporte a la Physical Society de Berlín, en el que daba una explicación exacta de la forma del espectro de la radiación del cuerpo negro. Esta teoría incluía un concepto revolucionario: el "cuanto" de energía luminosa, llamado también más tarde "fotón". Según este concepto, la cantidad más pequeña en la que podemos fragmentar o dividir la energía luminosa tiene un valor que depende de la frecuencia ν, según la relación $E = h\nu$ donde la h denota una constante universal, la llamada de Planck.

Planck introdujo el concepto de cuanto de energía como una mera necesidad matemática, para poder obtener el resultado correcto en su teoría, pero no pudo darle la interpretación física correcta. Planck recibió el premio Nobel de física en 1918. Vivió hasta los 89 años, conservando siempre una gran actividad intelectual.

H. R. Hertz, descubridor de las ondas de radio, encontró también el efecto fotoeléctrico, que consiste en la expulsión de electrones de un metal cuando incide un haz luminoso sobre él (Figura 16). La energía cinética de los electrones expulsados era tanto mayor cuanto mayor era la frecuencia de la luz que iluminaba el metal. Ninguna teoría física de la época podía explicar este fenómeno. La explicación satisfactoria tanto cualitativa como cuantitativa de este efecto la dio Albert Einstein, quien postuló que la luz está formada por unas partículas a las que G. N. Lewis llamó fotones en 1923. Los fotones tienen una energía que depende de la frecuencia, de la misma manera que los cuantos de Planck. Esta teoría completaba muy bien la teoría de la radiación del cuerpo negro de Planck. Con esto quedaba bien cimentado por primera vez el concepto de fotón. Esta teoría, y no la de la relatividad, fue la que le dio el premio Nobel de física a Einstein en 1905.

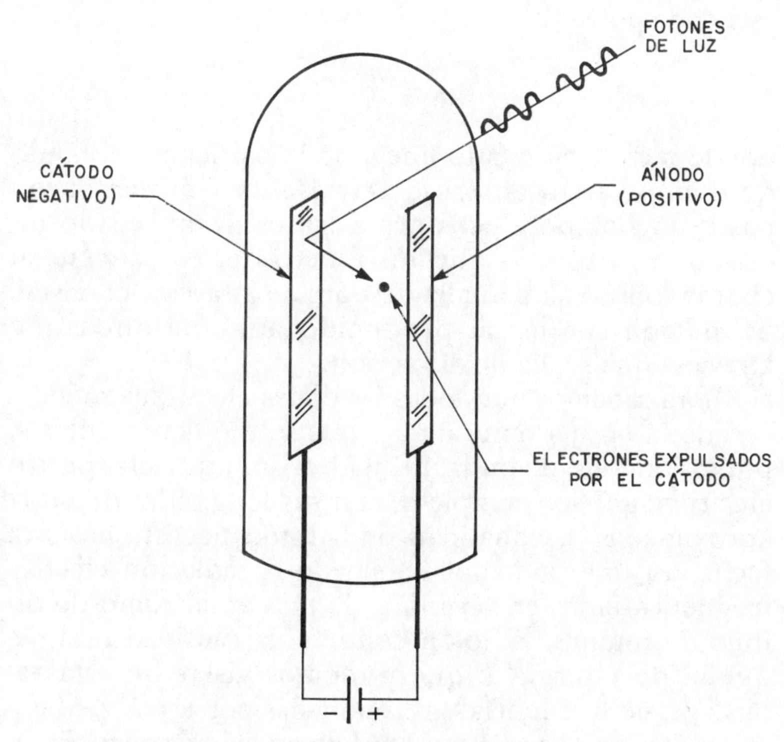

Figura 16. Efecto fotoeléctrico.

Se presentaba entonces una dualidad de la luz muy difícil de concebir, pues no podía ser una onda, y al mismo tiempo una partícula. El francés Louis Victor de Broglie (1892-1987) trata de resolver el enigma afirmando que onda y corpúsculo son solamente dos manifestaciones diferentes del mismo ente, que se presentan según las circunstancias del experimento. Con ello predice entonces que lo que suponemos que son solamente partículas, como los electrones, bajo ciertas circunstancias deben manifestarse como ondas. Debido a esta predicción que se confirmó más tarde, recibió el premio Nobel de física en 1919. De Broglie afirmó que la longitud de onda de la onda asociada a una partícula está dada por:

$$\lambda = \frac{h}{p}$$

donde p es el momento lineal de la partícula. Tratando de demostrar lo anterior, Davidson y Germer hacen pasar un haz de electrones a través de la red de un cristal. Se observó que los electrones producen, al chocar sobre una pantalla después de atravesar el cristal, un patrón similar al producido por una onda que atraviesa una rejilla de difracción.

Ahora sabemos que todas las ondas electromagnéticas son de la misma naturaleza y que sólo difieren entre sí por su longitud de onda. El cuadro 1 muestra el espectro electromagnético completo, con sus longitudes de onda aproximadas. La dualidad onda-fotón persiste hasta la fecha, así que podemos hablar de la radiación electromagnética tanto en términos de una onda como de un flujo de fotones. El fotón contiene la cantidad más pequeña de energía E que podemos aislar de esta radiación, de frecuencia ν relacionadas por $E = h\nu$. Mientras más grande sea la longitud de onda, más pequeña es la frecuencia y por lo tanto más pequeña la energía E del fotón. Debido a ello, mientras más grande sea la longitud de onda, más difícil será detectar el fotón individualmente. Como consecuencia, las ondas de radio y televisión también están formadas por fotones, pero son de energía tan pequeña que jamás se han podido detectar individualmente.

Como conclusión de toda la historia anterior se desprende que, en ciertos experimentos, se puede considerar a la luz como una onda transversal, mientras que en otros es necesario considerarla como un flujo de partículas llamadas fotones, cuya energía individual depende de la frecuencia de la onda. Sin embargo, en la gran mayoría de los casos, sobre todo en aquellos en los que interviene la metrología, es suficiente utilizar el concepto de onda transversal.

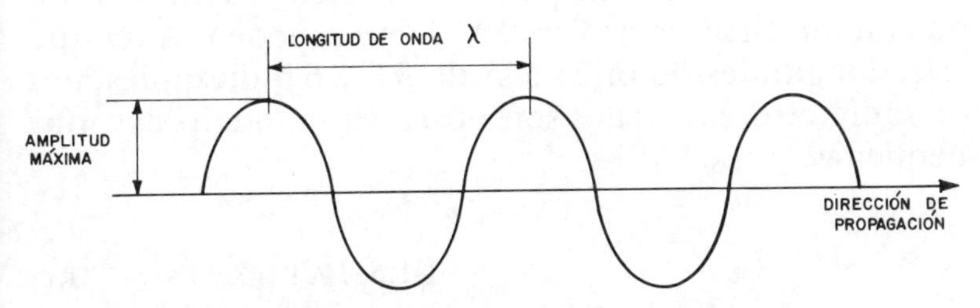

Figura 17. Parámetros importantes en una onda.

Conviene recordar varios conceptos y definiciones relacionados con las ondas. Uno de ellos es la longitud de onda λ, que es la distancia entre dos crestas o dos valles consecutivos, como se muestra en la figura 17. La frecuencia ν, es el número de oscilaciones en un segundo, es decir, el número de crestas que pasan por un lugar en un segundo. Estas dos cantidades no son independientes, sino que están relacionadas entre sí por la velocidad v, con la que se propaga la luz. Si el medio en el que viaja la luz es el vacío, esta velocidad se representa por c, y tiene un valor de 299 792 kilómetros por segundo. La distancia de la Tierra a la Luna es aproximadamente de 384 500 kilómetros, por lo que la luz atraviesa

esa distancia en poco más de un segundo. Otra manera de imaginar la magnitud de la velocidad de la luz es pensar que esta distancia corresponde aproximadamente a ocho vueltas alrededor de la Tierra. La fórmula que relaciona estos tres conceptos básicos de una onda es:

$$\lambda \nu = c$$

Podemos darnos cuenta fácilmente de que mientras más grande sea la longitud de onda, menor es la frecuencia, y viceversa. La longitud de onda tiene diferentes valores según el color de la luz, como se ve en el cuadro 1, pero va desde aproximadamente 350 nm para el violeta hasta 650 nm para el rojo. Recordando ahora que un nm (nanómetro) es 10^{-9} metros, podemos ver que estas longitudes de onda son de 3.5 y 6.5 diezmilésimos de milímetro, las cuales son obviamente longitudes muy pequeñas.

III.3. La interferometría y su historia

La interferometría se basa en el fenómeno de la interferencia, que podemos producir cuando dos ondas luminosas de exactamente la misma frecuencia se superponen sobre una pantalla. Además de tener la misma frecuencia, estas ondas deben ser sincrónicas, es decir que sus diferencias de fase, y por lo tanto las distancias entre las crestas de ambas ondas, deben permanecer constantes con el tiempo. Esto es prácticamente posible sólo si la luz de ambas ondas que se interfieren proviene de la misma fuente luminosa. Pero si es solamente una fuente luminosa la que produce la luz, los dos haces luminosos que se interfieren deben generarse de alguna manera del mismo haz. Existen dos procedimientos para lograr esto: denominamos al primero división de amplitud y al segundo división de frente de onda. Usan-

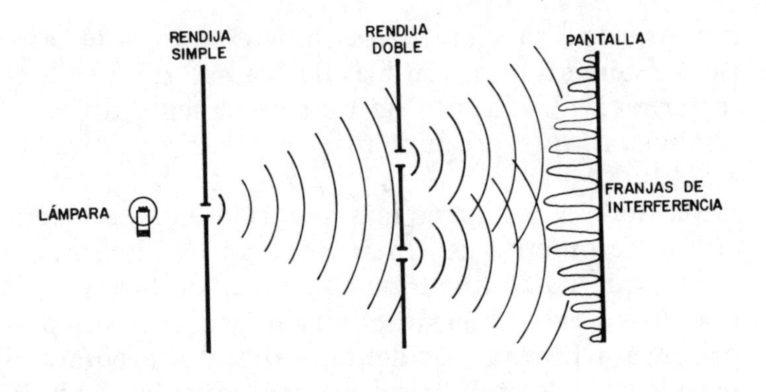

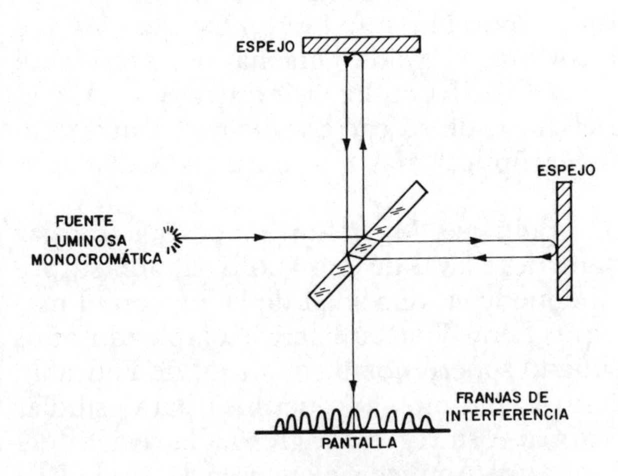

Figura 18. (a) Interferómetro de Young, que funciona por división de frente de onda y (b) interferómetro de Michelson, que funciona por división de amplitud.

do estos dos métodos básicos se han diseñado una gran cantidad de interferómetros, con los que se pueden efectuar medidas sumamente precisas. La figura 18 muestra dos interferómetros muy comunes, el primero es el sistema de dos rendijas de Young, que produce interferencia por frente de onda y el segundo es el de Michelson, que produce interferencia por división de amplitud.

Sin duda el personaje más importante en el terreno de la interferometría es Albert Abraham Michelson (1852-1931), que nació un 19 de diciembre en Strzelno, Polonia. A los tres años de edad emigró con sus padres, primero a Europa occidental y después a Nueva York, posiblemente para huir del antisemitismo. Después de viajar por todo el continente americano, se establecieron finalmente en San Francisco. Cuando tenía 16 años, su padre se enteró de que existía la posibilidad de que su hijo ingresara a la Academia Naval de los Estados Unidos. Los problemas para lograr el ingreso fueron tan grandes que tuvieron que solicitar la ayuda personal del presidente Grant. Finalmente Michelson logró ingresar, y se graduó en 1873. En el curso de su carrera demostró una gran vocación para la óptica, más que para las actividades navales.

Después de graduarse, Michelson empezó a trabajar en el Departamento Naval de Annapolis, donde su primer trabajo fue medir la velocidad de la luz con el mismo método que Léon Foucault había empleado años antes. Su resultado superó notablemente al de Foucault. Después de esto le fue otorgado permiso para estudiar un año en Europa. A su regreso ingresó a la recién fundada Case School of Applied Science en la ciudad de Cleveland, donde conoció al profesor de química Edwin Williams Morley (1838-1923). Juntos se propusieron llevar a cabo un experimento interferométrico que había comenzado Michelson durante su estancia en Europa, para determinar si la Tierra estaba en reposo o en movimiento con respecto al éter, es decir, al medio en el que se propagaba la luz. Después de repetir el experimento varias veces y de atravesar múltiples calamidades y accidentes, en 1888 llegaron a la conclusión de que la franja de interferencia no se movía de posición cuando ellos lo esperaban, y por lo tanto se requería una explicación que no podían encontrar, para resolver satisfactoriamente el resultado del experimento.

Uno de los intentos de explicación era suponer que el éter estaba en reposo en relación con la Tierra. Sin embargo, esta conclusión no era aceptable, porque otros experimentos de varios investigadores demostraban que esto era imposible. Fueron muy numerosos los intentos de explicar el resultado inesperado del experimento, pero todos fracasaron porque ninguno podía dar una explicación satisfactoria para todas las observaciones relacionadas con la teoría.

Mientras tanto, con motivaciones muy diferentes e independientes, Albert Einstein (1879-1955), nacido en Ulm, Alemania, elaboró su *teoría de la relatividad especial*, que postulaba que la velocidad de la luz era siempre exactamente la misma en el vacío, independientemente de las velocidades relativas de la fuente luminosa y del observador. Esta teoría hacía completamente innecesaria la hipótesis de la existencia del éter. De esta manera quedaba explicado el resultado del experimento de Michelson y Morley. No se hablará especialmente en este libro sobre la vida y personalidad de Einstein, por ser sumamente conocidas. Baste con decir que Einstein y Newton son los dos científicos mas grandes que ha tenido la humanidad.

Albert Michelson hizo una gran multitud de experimentos metrológicos, que sin lugar a dudas lo hacen merecedor del nombre de padre de la interferometría. Otro de sus trabajos importantes fue la medición de longitudes por medio de interferómetros, superando la precisión de cualquier medida efectuada hasta entonces. Michelson recibió el premio Nobel de física por sus trabajos interferométricos de precisión, en 1901.

III.4. Aplicaciones de la interferometría

La interferometría es ahora una herramienta indispensable en muchas actividades en las que sea necesario realizar mediciones. A partir de 1947 se han extendido estas técnicas a las ondas de radio, iniciándose así la radiointerferometría astronómica. Hoy en día, por medio de técnicas interferométricas se pueden realizar una gran variedad de medidas sumamente precisas, entre las que podemos mencionar las siguientes:

a) *Medida y definición del metro patrón.* El primero que tomó la longitud de onda de la luz como referencia para especificar longitudes de objetos fue Michelson. Esto se hace por medio del interferómetro que se muestra en la figura 19, donde el primer objetivo es medir la separación entre dos espejos, los que forman un sistema llamado etalón. La separación entre los espejos del etalón es un múltiplo entero de medias longitudes de onda de la luz empleada, a fin de que los haces reflejados en ambos espejos del etalón estén en fase. El proceso es bastante laborioso, pues hay necesidad de usar un gran número de etalones, donde cada uno tiene aproximadamente el doble de longitud que el anterior. La razón de este largo proceso es que no es posible contar las franjas de interferencia que aparecen al ir moviendo uno de los espejos hasta llegar a la distancia de un metro. La limitación es la coherencia del haz luminoso, que se describirá más tarde en la sección de láseres. Actualmente, con el láser, es mucho más simple la medición del metro patrón por interferometría.

En 1960 el metro fue definido como igual a 1 650 763.73 longitudes de onda en el vacío, de la luz emitida en una cierta línea espectral del kriptón-86. Sin embargo, en lugar de definir el metro y luego medir la velocidad c de la luz usando esta definición, es posible hacer lo contrario.

Es decir, se define primero la velocidad *c* de la luz como una cierta cantidad de metros recorridos en un segundo, de donde podemos escribir:

$$c = d/t$$

El siguiente paso es definir el metro como la distancia recorrida por la luz en un tiempo igual a $1/c$. Esto es lo que actualmente se ha hecho para definir el metro.

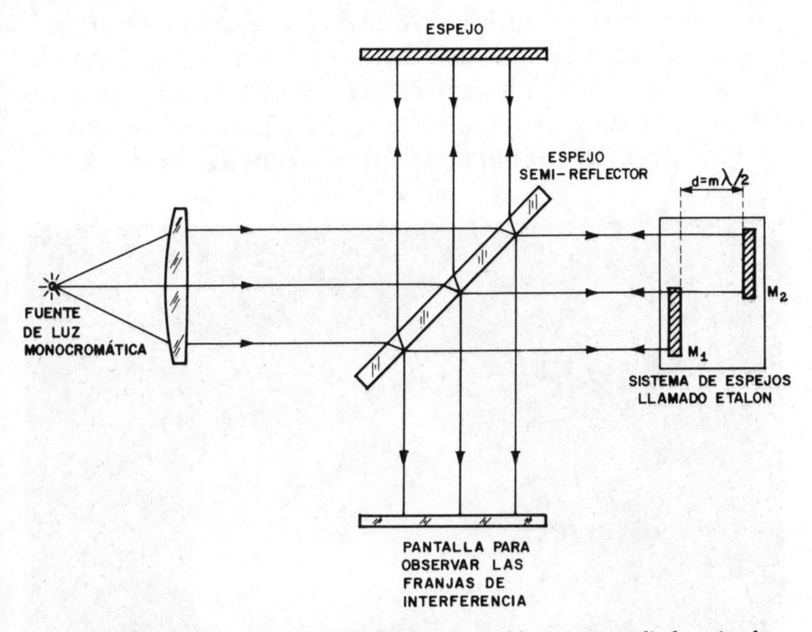

Figura 19. Interferómetro de Michelson con etalón, para medir longitudes.

b) *Medida de las deformaciones de una superficie.* Frecuentemente, debido a causas muy variadas, una superficie puede tener deformaciones pequeñísimas que no son detectables a simple vista. A pesar de su reducida magnitud, estas deformaciones pueden ser el síntoma de problemas graves presentes o futuros. Como ejemplo, podemos mencionar una fractura de un elemento mecánico de un avión o de una máquina. Otro ejemplo es un calentamiento local anormal en un circuito impreso o en una pieza mecánica sujeta a fricción. Finalmente, otro ejemplo es una deformación producida por esfuerzos mecánicos que ponen en peligro la estabilidad del cuerpo que los sufre. Es aquí donde la interferometría tiene un papel muy importante, detectando y midiendo estas pequeñísimas deformaciones de la superficie. Esta aplicación de las técnicas interferométricas es especialmente útil y poderosa si se le combina con técnicas holográficas, como se verá más adelante, en un proceso llamado interferometría holográfica. La figura 20 muestra un ejemplo de deformación local de la superficie de una cubeta de plástico, medida con interferometría holográfica.

Figura 20. Detección interferométrica de deformaciones.

Figura 21. Interferograma del espejo de un telescopio.

c) *Determinación de la forma exacta de una superficie.* Las superficies ópticas de los instrumentos modernos de alta precisión tienen que tallarse de tal manera que no tengan desviaciones de la forma ideal, mayores de una fracción de la longitud de onda de la luz. Para hacer el problema todavía más difícil, la superficie muy frecuentemente no es esférica sino de cualquier otra forma, a la que de modo general se le denomina asférica. Esta superficie asférica puede ser, por ejemplo, un paraboloide o un hiperboloide de revolución, como ocurre en los telescopios astronómicos, donde además la superficie a tallar puede ser de varios metros de diámetro. Es fácil comprender lo difícil que resulta tallar una superficie tan grande. Sin embargo, el problema principal es medir las deformaciones de la superficie respecto a su forma ideal. Esto se hace mediante la interferometría, con técnicas muy diversas y complicadas que no es posible describir aquí. La figura 21 muestra el interferograma del espejo principal o primario de un telescopio. Si la superficie fuera perfectamente esférica, las franjas de interferencia serían rectas. La pequeña curvatura de las franjas se debe a que la superficie es ligeramente elipsoidal en lugar de esférica, aunque la desviación es apenas alrededor de media longitud de onda, lo que es aproximadamente tres diezmilésimas de milímetro.

d) *Alineación de objetos sobre una línea recta perfecta.* Es frecuente que aparezca la necesidad de tener una línea recta de referencia muy precisa en una gran cantidad de actividades ingenieriles de tipo muy diverso. Por ejemplo, la bancada o base de un torno de alta precisión debe ser tanto más recta cuanto más fino sea el torno. En este problema y muchos otros en los que se requiera alinear algo con muy alta precisión, la interferometría es un auxiliar muy útil.

e) *Determinación muy precisa de cambios del índice de refracción en materiales transparentes.* Los vidrios ópticos, plásticos o cristales que se usan en las lentes, prismas y demás elementos ópticos tienen que ser de una alta homogeneidad tanto en su transparencia como en su índice de refracción. Esto es especialmente necesario si el instrumento óptico que los usa es de alta precisión. Esta homogeneidad de los materiales transparentes se mide con la tolerancia que sea necesaria por medio de interferometría.

f) *Determinación muy precisa de velocidades o de variaciones en su magnitud.* Cuando una fuente luminosa se mueve respecto al observador, es bien sabido que la longitud de onda de la luz tiene un cambio aparente, alargándose o acortándose, según que el objeto luminoso se aleje del observador o se acerque a él, respectivamente. Éste es el llamado efecto Doppler, que se descubrió primero para las ondas sonoras y posteriormente para la luz. Por medio de interferometría se pueden detectar y medir variaciones sumamente pequeñas en la longitud de onda, lo que permite detectar movimientos o cambios también muy pequeños en la velocidad de un objeto. Esta propiedad se ha usado en muy diversas aplicaciones, entre otras, la medida de la velocidad del flujo de líquidos o de gases.

g) *Medición de ángulos.* Los ángulos, al igual que las distancias, también se pueden medir con muy alta precisión por medio de técnicas interferométricas. Por ejemplo, el paralelismo entre las dos caras de una placa de vidrio de caras planas y paralelas, o el ángulo recto entre las dos caras de un prisma se pueden medir con una incertidumbre mucho menor de un segundo de arco, lo que es totalmente imposible de lograr por otros métodos.

La lista podría continuarse, pero con estos ejemplos es suficiente para darnos cuenta de la enorme utilidad de la interferometría, o sea del uso de las ondas de luz como unidad de medida.

IV. Los láseres

El láser, cuyo nombre se ha formado con la primera letra de cada palabra de la frase en inglés *Light Amplification by Stimulated Emission of Radiation* (amplificación de luz por emisión estimulada de radiación), ha ampliado repentina y grandemente los horizontes de la óptica. Cuando se descubrió, se vio inmediatamente que era un instrumento con grandes posibilidades de aplicación, pero como surgió por accidente, no originado por una necesidad, hubo que comenzar a buscar para qué era útil. Al decir accidente lo que se quiere decir es que las investigaciones, originalmente dirigidas a otro fin, llevaron inesperadamente al descubrimiento del láser. Debido a esto, se decía en broma en un principio que el láser era una solución en busca de un problema que resolver.

IV.1. Historia del láser

La historia del láser se remonta al año de 1916, cuando Albert Einstein estudió y predijo el fenómeno de emisión estimulada en los átomos, según el cual un átomo que recibe luz de la misma longitud de onda de la que puede emitir, es estimulado a emitirla en ese instante.

El siguiente trabajo fundamental para la evolución posterior del láser fue el del bombeo óptico, desarrollado a principios de la década de los cincuenta por Alfred Kastler (1902-1984), nacido en Guewiller, Alsacia, y educado en Colmar, entonces posesión alemana. Durante la primera Guerra Mundial Kastler fue enrolado en el ejército alemán, pero al concluir la guerra ingresó a la École Normale Supérieure en París, donde obtuvo su maestría. Más tarde obtuvo el doctorado en física en la Universidad de Bourdeaux. Desde entonces hasta su muerte vivió en Francia. En 1974 Kastler estuvo de visita algunos días en el Instituto Nacional de Astrofísica Óptica y Electrónica, en Tonantzintla, Puebla, donde el autor de este libro tuvo el gran placer de conocerlo personalmente. Era una persona dotada de un gran carisma y sencillez, que afirmaba que los grandes descubrimientos científicos como los que él había hecho se lograban simplemente manteniendo la mente despierta para examinar cualquier acontecimiento imprevisto. El trabajo de Kastler sobre el bombeo óptico, basado en técnicas de resonancia ópticas, fue desarrollado con la colaboración de su alumno Jean Brossel, de la École Normale Supérieure de París, y fructificó con el descubrimiento de métodos para subir el nivel energético de los átomos; dicho de otro modo, métodos para que los electrones de los átomos suban al nivel deseado, utilizando efectos de resonancia óptica. Estos métodos recibieron el nombre de bombeo óptico por el mismo Kastler, quien mereció el premio Nobel de física en 1966.

Charles H. Townes (1915-   ) se encontraba en la ciudad de Washington el mes de abril de 1951, para asistir a una reunión científica. En el hotel compartía una habitación con su amigo, Arthur Schawlow. En esta época Townes se encontraba muy preocupado por encontrar un método para producir ondas de radio de longitud de onda muy corta, del orden de milímetros. Townes, casado y con hijos, tenía la costumbre de levantarse muy temprano, mientras que Schawlow, que era soltero, acostumbraba levantarse muy tarde. La mañana del día 26, Townes, como de costumbre, se levantó muy temprano, y para no molestar a su amigo salió del cuarto en silencio y se dirigió al parque Franklin, cercano al hotel. Cuenta el mismo Townes que fue en ese parque, aquella mañana, donde se le ocurrió un método para producir microondas usando el fenómeno de la emisión estimulada, basándose en la predicción de Einstein y en los estudios sobre bombeo óptico que realizó Alfred Kastler. La comprobación de su idea se la propuso como trabajo de tesis doctoral a su alumno James P. Gordon, en la Universidad de Columbia. Tres años les tomó construir, con la colaboración de Herbert Zeiger, un dispositivo que amplificaba microondas mediante emisión estimulada, al que llamaron máser.

Independientemente, sin tener ninguna conexión con Townes, Nicolai G. Basov (1922-   ) y Aleksandr M. Prokhorov (1916-   ) obtuvieron resultados similares en el Instituto Levedev de Moscú. Townes, Basov y Prokhorov compartieron el premio Nobel de física en

1964. En septiembre de 1957, Townes, junto con su colega, amigo y ahora cuñado Arthur Schowlow, comenzaron a pensar en el problema de construir ahora otro dispositivo similar al máser, pero que emitiera luz en lugar de microondas. Es interesante conocer la anécdota de que Townes solicitó una patente para artefactos que emitieran luz por el mecanismo de emisión estimulada, y de que poco después lo hizo también otro investigador de la misma Universidad de Columbia, llamado Gordon Gould, reclamando prioridad. Hay algunos que creen que Gould tenía razón. Lo cierto es que nadie niega que sí hizo algunos descubrimientos similares independientemente. Hasta la fecha sigue el pleito legal sobre quién tiene la razón.

Finalmente, Theodore H. Maiman logró construir el láser en 1960 en los laboratorios de investigación de la compañía aérea Hughes, en Malibu, California. Más adelante describiremos los detalles de este gran avance científico y tecnológico.

IV.2. Qué es el láser

El láser es simplemente una fuente luminosa con dos propiedades muy especiales e importantes de su luz, que técnicamente reciben los nombres de *coherencia espacial* y *coherencia temporal*. Aunque estos nombres pueden parecer impresionantes, denotan unas características de la luz que pueden ser explicadas fácilmente.

A fin de ilustrar lo anterior, consideremos una fuente luminosa muy pequeña a la que llamaremos puntual, que emite luz cuyos frentes de onda son esféricos y concéntricos con dicho punto. Si colocamos una lente convergente frente a esta fuente luminosa, como se muestra en la figura 22(a), veremos que la onda se refracta, haciéndose ahora el haz luminoso convergente a un punto después de esta lente. Este ejemplo es sólo imaginario e idealizado, pues las fuentes luminosas puntuales no existen en la vida real, ya que por pequeñas que sean tienen un tamaño finito. Por lo tanto, las fuentes luminosas reales no emiten una sola onda con frentes de onda esféricos, sino una multitud, cada una de ellas saliendo de un punto diferente sobre la fuente. Al colocar ahora la lente convergente frente a esta fuente de luz, la energía luminosa ya no se concentra en un punto infinitamente pequeño después de la lente, como en nuestro experimento imaginario. Lo que se obtiene es simplemente una imagen de la fuente luminosa, con la energía distribuida sobre toda su área, como se muestra en la figura 22(b).

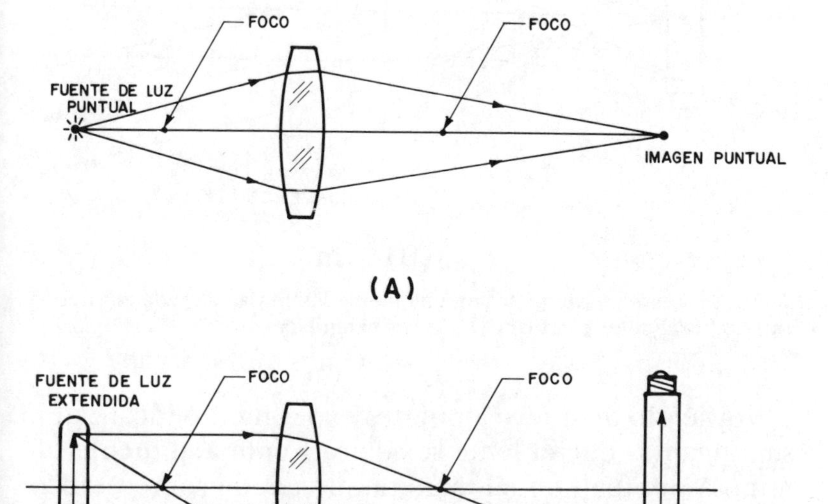

Figura 22. Lente convergente frente a una fuente luminosa a una distancia mayor que su distancia focal. (a) Fuente puntual y (b) fuente extendida.

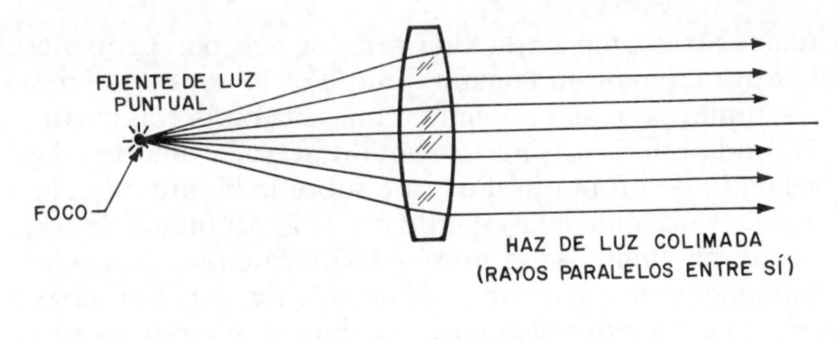

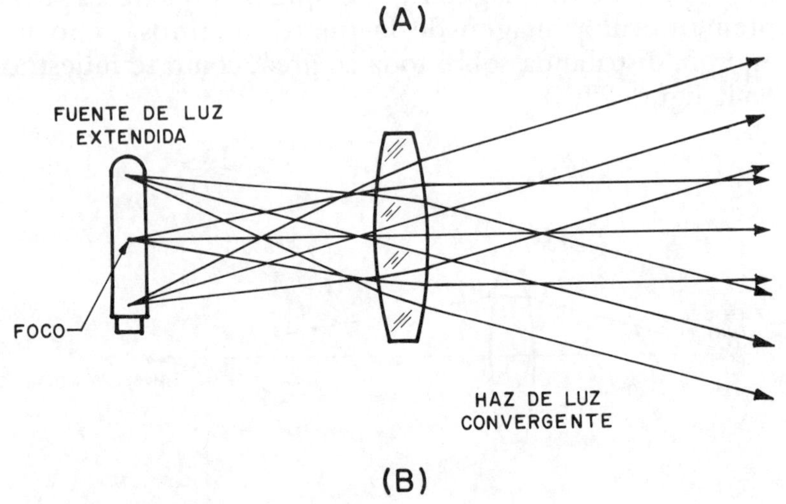

Figura 23. Lente convergente con una fuente luminosa colocada en su foco anterior. (a) Fuente puntual y (b) fuente extendida.

Volviendo de nuevo a nuestro experimento idealizado, supongamos que la lente se coloca frente a la fuente luminosa puntual, de tal manera que quede sobre el foco de la lente convergente, como se muestra en la figura 23(a). La luz saldría entonces de la lente en un haz de rayos paralelos, o lo que es lo mismo, con frentes de onda planos y paralelos entre sí, como se muestra en esta misma figura. Como las fuentes luminosas no son infinitamente pequeñas, la luz no saldrá como un haz de rayos paralelos, sino como una multitud de haces, todos viajando en diferentes direcciones, como se muestra en la figura 23(b). De esta manera se esparce la energía luminosa en la forma de un cono divergente. Se dice que la fuente infinitamente pequeña o puntual tiene una coherencia espacial perfecta, mientras que la extendida la tiene muy pobre.

Desafortunadamente, son muchísimas las situaciones en las que es necesario tener una gran coherencia espacial: por ejemplo, para tener un frente de onda único en interferometría, para concentrar la energía luminosa en un punto muy pequeño a fin de obtener una densidad de energía muy alta, o para enviar el haz luminoso a gran distancia. Como es fácil de entender, se puede obtener una fuente luminosa de gran coherencia espacial colocando simplemente una hoja de papel aluminio con una perforación muy pequeña hecha con una aguja sobre una fuente de luz extendida. Sin embargo, de esta manera se reduce considerablemente la intensidad luminosa, como se muestra en la figura 24. Otra manera sería alejar la fuente una gran distancia, hasta que ya no se le aprecie ningún tamaño, sino que se le vea como un punto, como es el caso de las estrellas. También en este caso se reduce la intensidad luminosa de manera considerable. La luz de un láser tiene una coherencia espacial casi perfecta, sin ningún sacrificio de su intensidad.

La segunda propiedad del láser tiene que ver con la cantidad de colores que emite la fuente luminosa simultáneamente, es decir, con el grado de monocromaticidad. Por ejemplo, una fuente de luz blanca no es nada monocromática, pues emite todos los colores del arco iris al mismo tiempo. La luz emitida por un foco rojo o de cualquier otro color sería menos policromática, porque contiene luz de varios colores cercanos al rojo, por ejemplo, naranja e infrarrojo. Una fuente de luz bastante monocromática se puede obtener mediante varios procedimientos basados en los fenómenos de la dispersión de la luz en un prisma, en el de la difracción en una

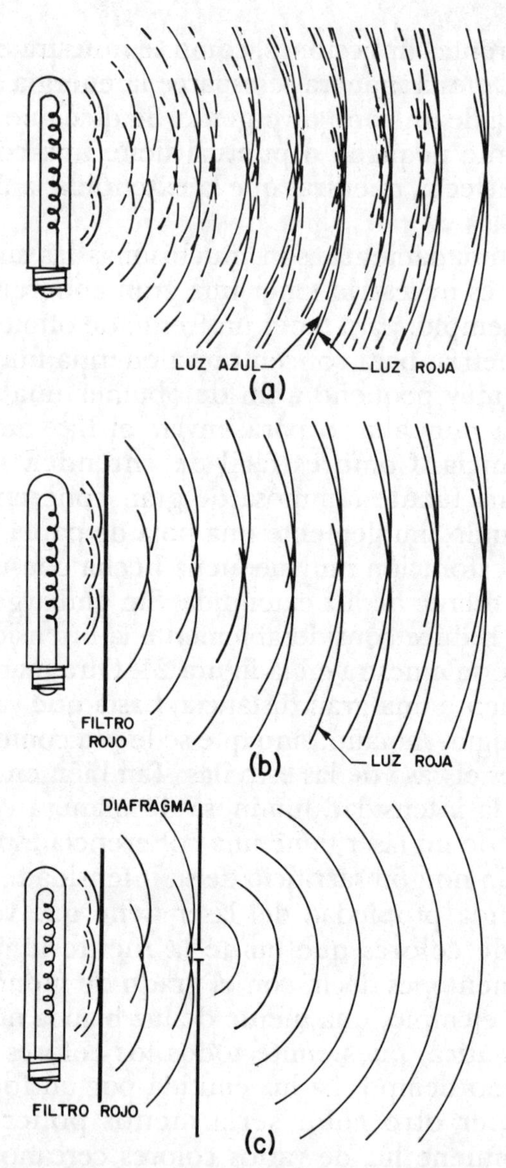

Figura 24. Simulación de una fuente de luz con coherencia tanto espacial como temporal, por medio de una pequeña perforación, y un filtro de color con banda de transmisión muy angosta. (a) Fuente luminosa, (b) fuente luminosa con filtro de color y (c) fuente luminosa con filtro de color y diafragma.

rejilla de difracción o en el de la interferencia en los filtros de interferencia. Desafortunadamente todos estos métodos se basan en la eliminación de los colores indeseados, pero de ninguna manera refuerzan el deseado. Por lo tanto, el haz de luz se hace sumamente débil. Mientras más monocromático sea un haz luminoso, se dice que tiene más coherencia temporal. En cambio, la luz de un láser tiene coherencia temporal casi perfecta, es decir, tiene una alta monocromaticidad.

Recordemos ahora que la luz es una onda electromagnética idéntica en todo a una onda de radio o televisión, sólo que su frecuencia es mucho más alta, y por lo tanto su longitud de onda (distancia entre dos crestas de la onda) es mucho más corta. Cuando decíamos que la fuente de luz debería ser muy pequeña para tener coherencia espacial grande, lo pequeño o grande de la fuente era en comparación con la longitud de onda de la onda luminosa. De aquí se puede concluir que es relativamente más fácil producir una onda de radio coherente que una onda de luz coherente. Ésta es la razón por la cual prácticamente todas las ondas de radio y televisión son coherentes, y por supuesto existen mucho antes de la aparición del láser.

IV.3. Cómo funciona el láser

A fin de comprender el fenómeno de emisión estimulada, comencemos por recordar que la luz es emitida y absorbida por los átomos mediante los mecanismos llamados de emisión y de absorción, respectivamente. Si el electrón de un átomo está en una órbita interior, puede pasar a una exterior solamente si absorbe energía del medio que lo rodea, generalmente en la forma de un fotón luminoso. Éste es el proceso de absorción que se representa mediante los diagramas de la figura 25(a). Si el electrón se encuentra en una órbita exterior, puede

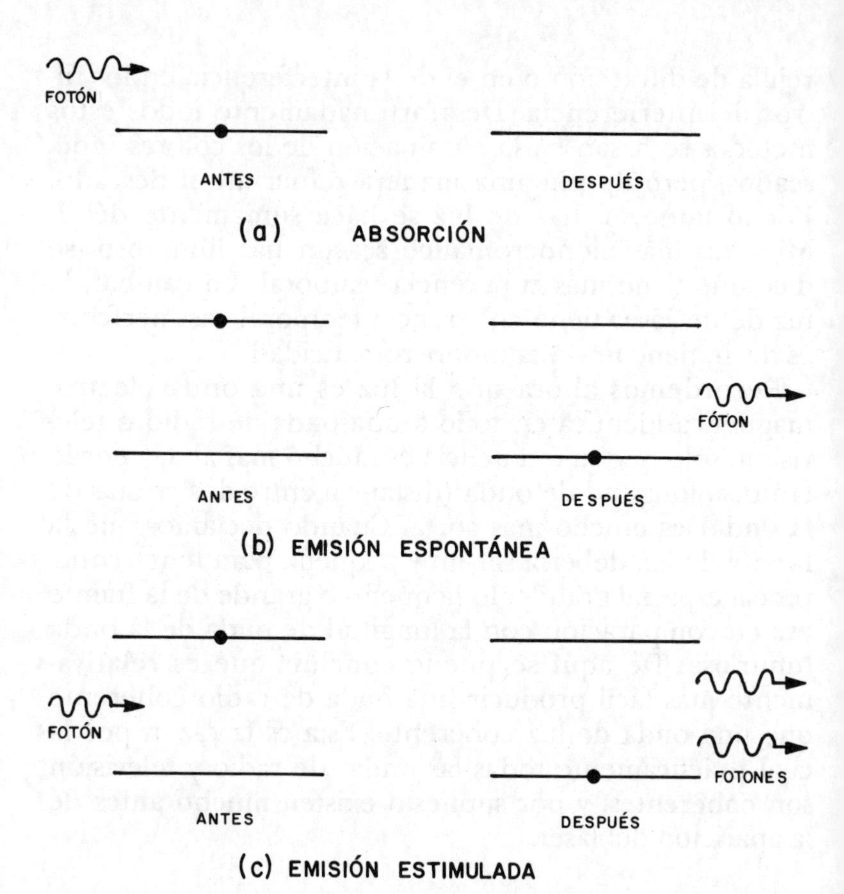

Figura 25. Esquemas que representan los procesos atómicos de (a) emisión espontánea, (b) absorción y (c) emisión estimulada.

caer a una órbita interior si pierde energía, lo cual puede también suceder mediante la emisión de un fotón. Este proceso de emisión se muestra en los diagramas de la figura 25(b). En ambos procesos la frecuencia ν de la onda absorbida o emitida está determinada por la magnitud E de la energía emitida o absorbida, según la relación ya obtenida por Planck, como mencionamos anteriormente:

$$E = h\nu$$

Cuando un electrón está en una órbita exterior también decimos que está en un estado superior. El electrón no puede permanecer en un estado superior un tiempo demasiado grande, sino que tiende a caer al estado inferior, emitiendo un fotón, después de un tiempo sumamente corto, menor que un microsegundo, al que se denomina vida media del estado. Es por eso que este proceso de emisión se conoce como emisión espontánea.

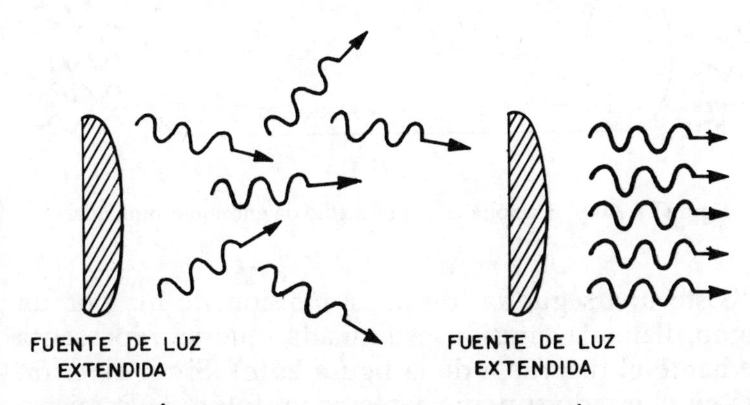

Figura 26. Emisión incoherente de fotones de una fuente de luz extendida.

La energía que necesita un electrón para subir al estado superior no necesariamente se manifiesta bajo la forma de fotón luminoso. También puede absorber la energía que se le comunique mediante otros mecanismos, como por ejemplo, mediante una colisión con otro átomo. Si estamos subiendo constantemente los átomos de un cuerpo al estado superior mediante un mecanismo cualquiera, éstos caerán espontáneamente al estado inferior emitiendo luz. A este proceso se le conoce con el nombre de "bombeo óptico". La emisión de luz es entonces un proceso en el que todos los átomos del cuerpo participan, pero en forma independiente y totalmente desincronizada. Dicho de otro modo, las fases de las ondas no tienen ninguna relación entre sí, o lo que es lo mismo, las crestas de estas ondas no están alineadas, como se muestra en la figura 26.

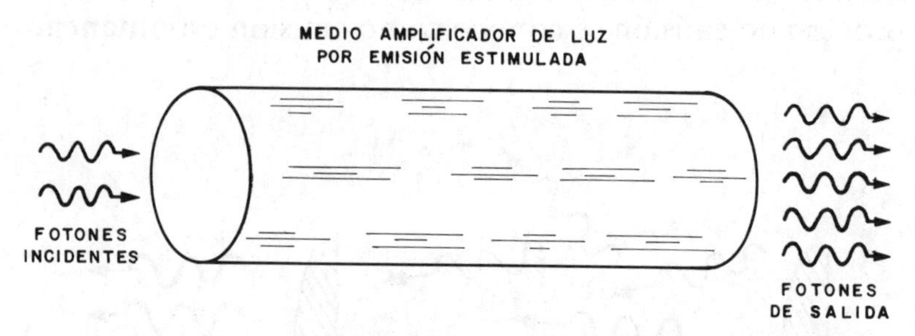

Figura 27. Amplificación de luz por medio de emisión estimulada.

Existe una segunda forma de emisión de luz por un átomo, llamada emisión estimulada, que se representa mediante el diagrama de la figura 25(c). Si un electrón está en el estado superior y recibe un fotón de la misma frecuencia del que emitiría si bajara al nivel inferior, desestabilizará a este átomo, induciéndolo a emitir inmediatamente. Después de esta emisión estimulada existirán dos fotones en lugar de uno, el que estimuló y el estimulado. Naturalmente, para que la emisión estimulada tenga lugar se requiere que el electrón permanezca en el estado superior un tiempo suficientemente largo para darle oportunidad al fotón estimulador a que llegue al átomo. Por esta razón, el proceso de emisión estimulada es más fácil si el nivel superior tiene una vida media relativamente larga.

Como los átomos tienden constantemente a caer al estado o nivel inferior, la mayoría de ellos en un momento dado estarán ahí. Lo que logra el bombeo óptico es que la mayoría de los átomos estén constantemente en el nivel superior. Este proceso se denomina inversión de población, y es absolutamente indispensable para que se produzca la emisión láser. Consideremos un material en la figura 27, sujeto a bombeo óptico a fin de que sus átomos regresen constantemente al nivel superior. Supongamos también que la vida media de este estado superior es lo suficientemente larga como para permitir la emisión estimulada. Finalmente, hagamos incidir en este material un fotón de la frecuencia adecuada para provocar la emisión estimulada. Es fácil ver que se provocará una reacción en cadena, por lo que a la salida se tendrán no uno, sino una multitud de fotones. Dicho de otro modo, se habrá amplificado la luz mediante el mecanismo de emisión estimulada.

A fin de que éste sea un proceso continuo, podemos colocar un espejo semitransparente a la salida, para regresar parte de los fotones que salen, y así seguir provocando la emisión estimulada. A la entrada se coloca otro espejo, totalmente reflector. Este dispositivo se muestra en la figura 28. Naturalmente, el lector se estará preguntando cómo se puede ahora introducir al láser el primer fotón disparador de la emisión estimulada. Esto no es necesario, pues tarde o temprano se producirá un fotón por emisión espontánea.

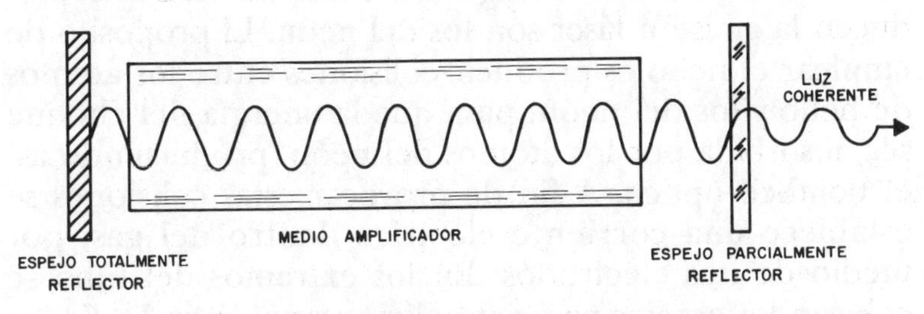

Figura 28. Uso de espejos retroalimentadores de la luz para hacer un láser.

IV.4. DIFERENTES TIPOS DE LÁSERES

Como ya se mencionó antes, el primer láser lo construyó Theodore H. Maiman en Malibú, California. Trabajando solo, sin ninguna ayuda, Maiman construyó su láser con una barra de rubí aproximadamente de un centímetro de diámetro, rodeada de una lámpara de xenón en forma de hélice. Los extremos de la barra de rubí habían sido recubiertos con unas películas reflectoras, a fin de que actuaran como espejos. El bombeo óptico de los átomos de cromo del rubí se efectuaba mediante una descarga luminosa muy intensa proporcionada por la lámpara de xenón, como se muestra en la figura 29. El láser entonces emitía una descarga muy rápida e intensa de luz roja. Este tipo de láser no era continuo sino pulsado o intermitente.

Maiman redactó sus resultados y los mandó a una de las revistas de más prestigio, que es la *Physical Review Letters*. Increíblemente, el artículo le fue rechazado por considerar los editores que el campo de los máseres ya no era una gran novedad. En 1960 el artículo fue enviado a la revista británica *Nature*, donde lo publicaron inmediatamente, aunque no contenía más de 300 palabras. Ese mismo año Arthur Schawlow construyó el primer láser de gas, el ahora sumamente popular láser de helio-neón. Este láser consta de un tubo de vidrio que tiene en su interior una mezcla de los gases helio y neón, como se muestra en la figura 30. Los átomos que producen la emisión láser son los del neón. El propósito de emplear el helio es producir colisiones entre los átomos de helio y los del neón, para que la energía del choque sea absorbida por los átomos del neón, produciendo así el bombeo óptico. A fin de provocar estas colisiones se establece una corriente eléctrica dentro del gas, por medio de dos electrodos. En los extremos del tubo se colocan los espejos para retroalimentar el láser. La figura

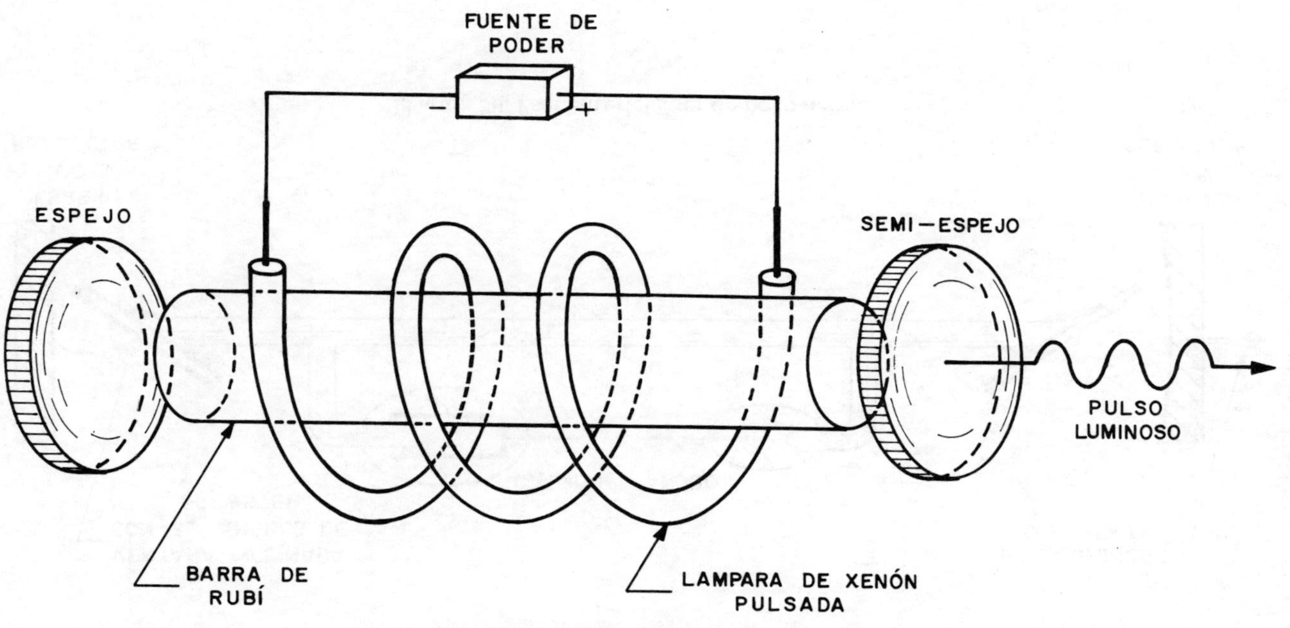

Figura 29. Esquema del láser de rubí.

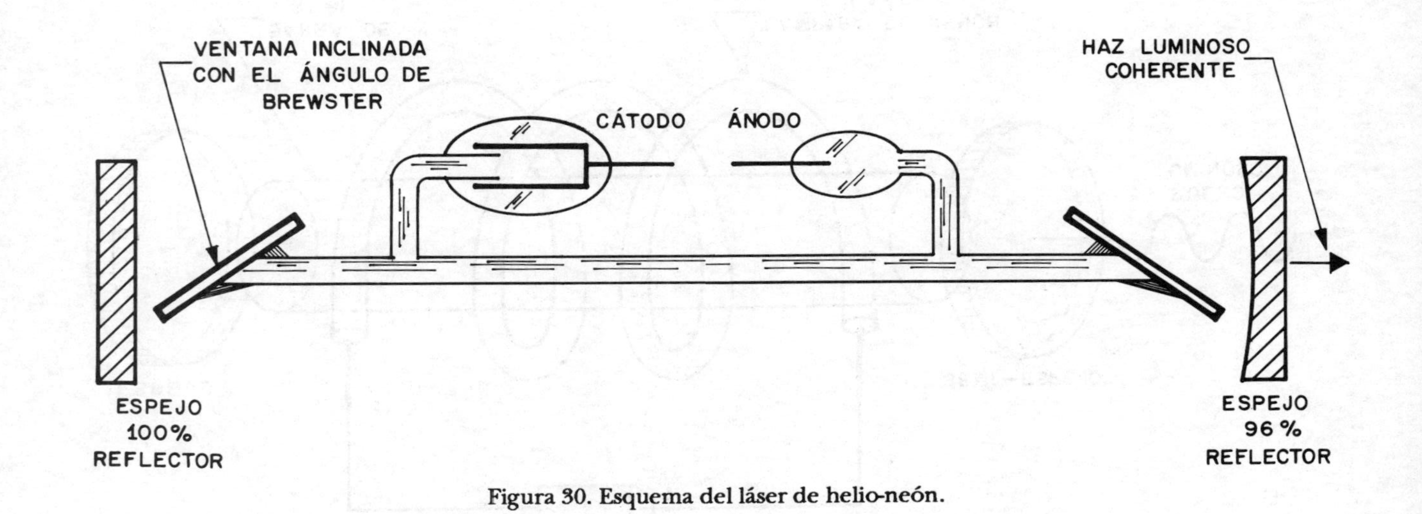

Figura 30. Esquema del láser de helio-neón.

Figura 31. Fotografía de un láser de helio-neón construido en el Instituto de Astronomía de la UNAM en 1967 por Daniel Malacara y colaboradores.

31 muestra un láser de helio-neón fabricado en México, y la figura 32 uno comercial.

Los principales tipos de láseres que existen se pueden clasificar en continuos o pulsados, de baja potencia o de alta potencia, según el color de la luz que emiten, o según el material del que están hechos. A continuación se mencionarán brevemente algunos de los principales láseres, clasificándolos según el estado del material que se usa como medio amplificador:

a) *Láseres de gas.* Éstos son sin duda los láseres más comunes y útiles. El siguiente cuadro muestra algunos de estos láseres, con sus principales características.

CUADRO 3. Algunos láseres de gas

Sistema	*Elemento activo*	*Región espectral o color*	*Forma de operación*	*Potencia típica*
He-Ne	neón	rojo 632.8 nm verde infrarrojo	continua	10 mW
He-Cd	cadmio	violeta, UV 441.6 nm	continua	10 mW
He-Se	selenio	verde	continua	10 mW
Ar^+	argón	verde, azul	continua o pulsada	10 W
Kr^+	kriptón	rojo	continua o pulsada	10 W
Co_2-N_2-He	bióxido de carbono	infrarrojo 10.6 μm	continua o pulsada	100 W o más

Los primeros tres láseres tienen mucho en común. En éstos, el helio tiene como función ayudar en el proceso del bombeo óptico. El elemento activo es el neón en el primero, el vapor de cadmio en el segundo y el vapor de selenio en el tercero. El primero de estos láseres es el más popular. Estos láseres se construyen con un tubo de vidrio con dos electrodos internos para mantener una descarga eléctrica a través del gas.

Una segunda categoría de láseres de gas son los de gas ionizado, por ejemplo, los de argón y kriptón ionizados. Estos láseres requieren de una corriente muy grande, del orden de amperes, para poder ionizar el gas y producir la inversión de población. La corriente tan alta impone muchas restricciones de tipo práctico que no tienen los otros láseres. Por ejemplo, es necesario el en-

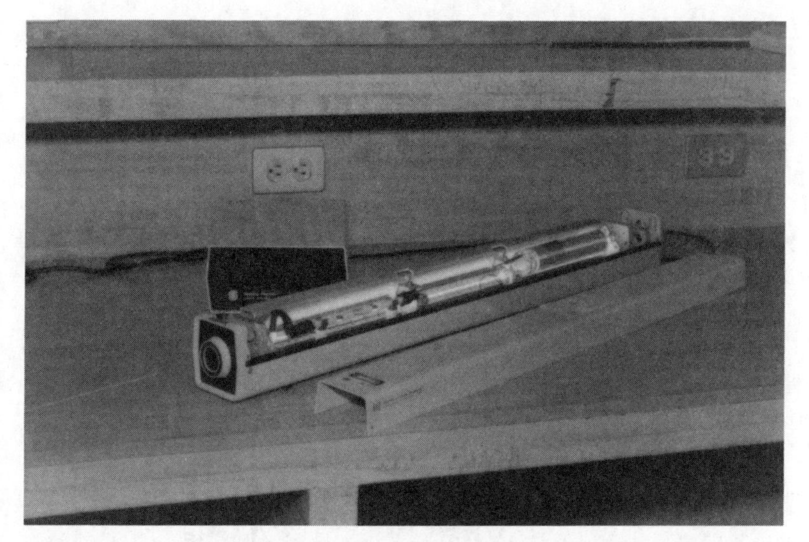

Figura 32. Un láser de helio-neón comercial.

friamiento por agua, y el tubo debe tener una construcción muy complicada y especializada. Además, la vida de estos láseres es corta, comparada con la de los otros láseres de gas. A cambio de estas desventajas, la potencia es grande, del orden de varios watts.

La figura 33 muestra el espectro de emisión de un láser de argón ionizado. Como se puede ver, emite varias líneas al mismo tiempo, lo que en algunos casos puede ser una desventaja. Con el propósito de seleccionar una sola línea haciendo que la cavidad quede alineada sólo para esa longitud de onda, frecuentemente se coloca un prisma dispersor dentro de la cavidad del láser.

El láser de bióxido de carbono funciona con niveles de energía moleculares en lugar de atómicos. La potencia infrarroja que emite en 10.6 μ es tan alta que puede cortar muy fácilmente una gran variedad de materiales. Por ello, sus aplicaciones industriales son muy grandes. La figura 34 muestra un láser de bióxido de carbono construido en el Centro de Investigaciones en Óptica, A. C.

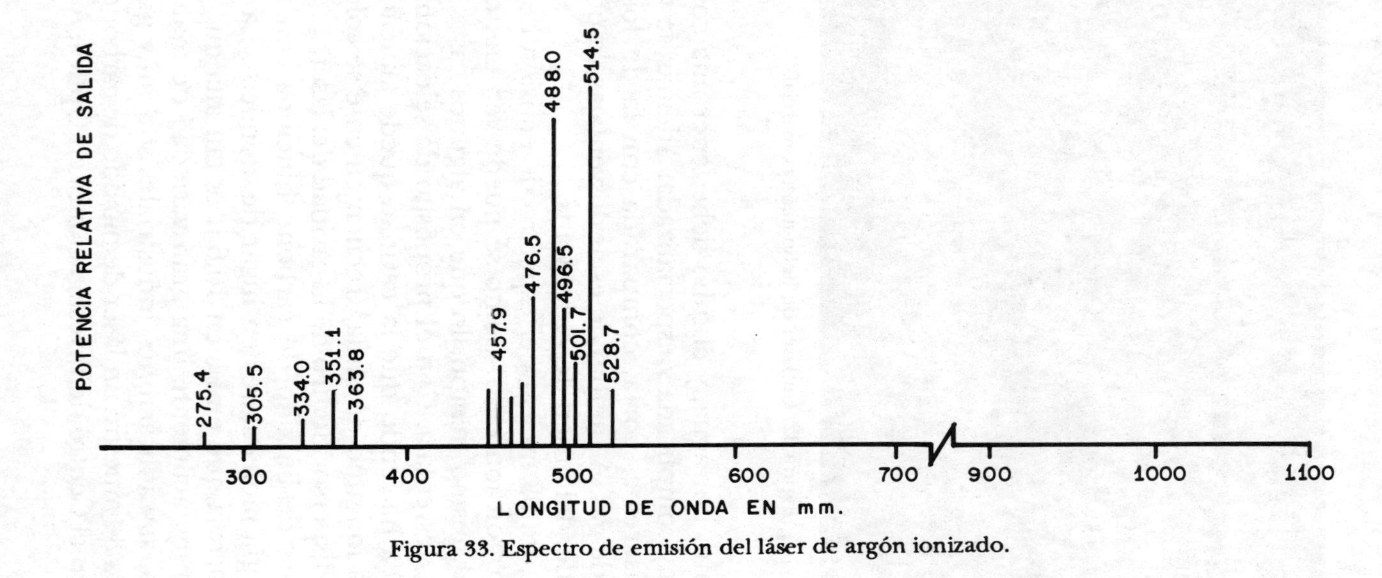

Figura 33. Espectro de emisión del láser de argón ionizado.

b) *Láseres sólidos.* Se entiende por láser sólido aquel en el que el medio activo es sólido. Esto incluye a los semiconductores, llamados también de estado sólido. El cuadro 2 muestra algunos de los principales láseres sólidos.

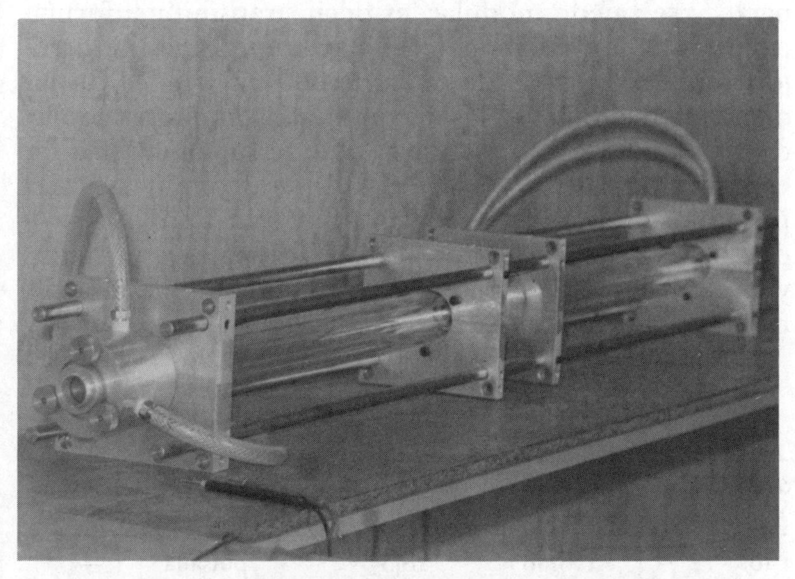

Figura 34. Láser de bióxido de carbono construido en el Centro de Investigaciones en Óptica, en 1987, por el doctor Vicente Aboites y colaboradores.

El láser de rubí, ya descrito anteriormente, fue el primero en inventarse. El cromo de una barra de rubí es el elemento activo. Como ya se describió antes, para excitar este láser se usa una lámpara helicoidal de xenón pulsada. Como el pulso de la lámpara de xenón debe ser muy intenso, se dispara por medio de un banco de capacitores. Este láser es pulsado, aunque se pueden obtener pulsos dobles, separados menos de un microsegundo, con el fin de emplearlos en la holografía interferométrica, que se describirá más adelante.

El láser de Nd-YAG (del inglés: *Neodimium-Yttrium Aluminum Garnet*) tiene como elemento activo el neodimio hospedado en una barra de YAG. Al igual que el láser de rubí, se excita con una lámpara de xenón pulsada.

El láser semiconductor, a diferencia de los otros sólidos, se excita con una corriente eléctrica. Este láser puede ser tanto pulsado como continuo; es muy compacto y se puede modular, es decir, transmitir información con él muy fácilmente. El haz luminoso es infrarrojo, con una longitud de onda de 900 nm y tiene forma de abanico al salir del láser, con una divergencia angular de alrededor de ocho grados. Aunque su coherencia no es muy alta, es el dispositivo ideal para comunicaciones por fibras ópticas. Éste es el láser que se usa en los reproductores de sonido a base de discos digitales compactos, y en las lecturas de discos ópticos para computadora. La figura 35 muestra uno de estos láseres.

CUADRO 4. Algunos láseres sólidos

Sistema	*Elemento activo*	*Región espectral o color*	*Forma de operación*	*Potencia típica*
rubí	cromo	rojo 694.3 nm	pulsada	—
Nd^{3+}YAG	neodimio	infrarrojo 1.06 μm	continua o pulsada	1 W
Nd-vidrio	neodimio	infrarrojo	pulsada	—
Ga-As	arsenuro de Galio	infrarrojo 0.84 μm	continua o pulsada	1 W
semiconductor	silicio	infrarrojo 0.6-0.9 μm	continua o pulsada	.5W

c) *Láseres líquidos.* Como su nombre lo indica, en estos láseres el medio activo es líquido y generalmente es un colorante, como la rodamina 6G, disuelta en un líquido.

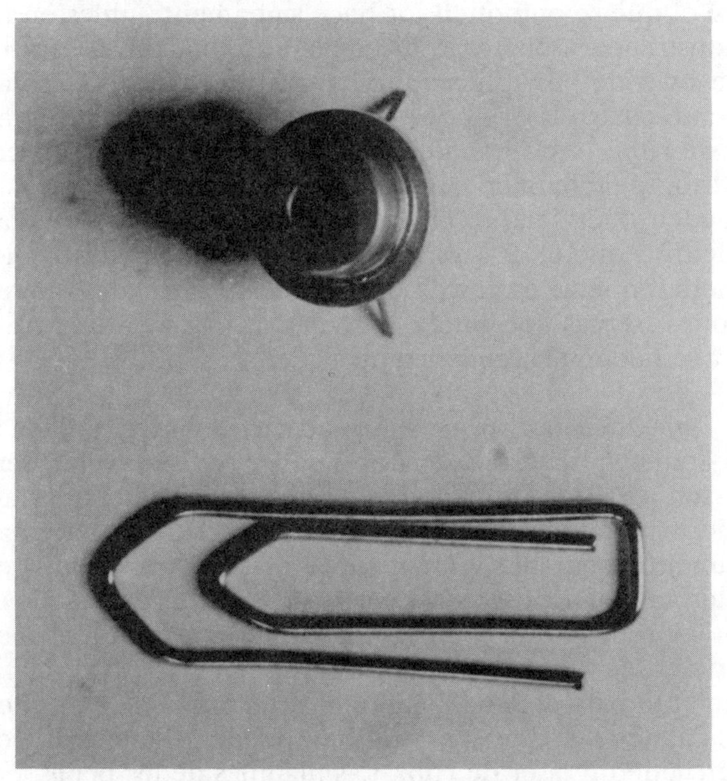

Figura 35. Un láser de estado sólido.

La gran ventaja de estos láseres es que se pueden sintonizar a cualquier color deseado, desde el infrarrojo hasta el ultravioleta, según el colorante que se use. En cambio, tienen la gran desventaja de que su excitación tiene que hacerse con el haz coherente de otro láser, como el de argón.

IV.5. LOS LÁSERES EN LA INDUSTRIA

El hecho de que los láseres de alta potencia, enfocados sobre un punto, puedan perforar o cortar un material sobre el que se enfoquen los hace sumamente útiles en la industria para una gran diversidad de funciones. Para la mayoría de las aplicaciones industriales se usan solamente cuatro láseres, que son el de bióxido de carbono, el de rubí, el de neodimio en YAG y el de neodimio en vidrio. El de bióxido de carbono y el de neodimio en YAG pueden operar tanto en forma continua como pulsada, mientras que el de rubí y el de neodimio en vidrio sólo pueden operar en forma pulsada. Las principales operaciones básicas que puede efectuar un láser en la industria se pueden clasificar como sigue:

a) *Perforación de agujeros.* La capacidad del láser (debida a su gran coherencia espacial) de poder concentrar la energía en un punto muy pequeño, nos permite perforar algunos materiales. Esta perforación puede ser extremadamente pequeña y en materiales tan duros como el diamante. La potencia necesaria para hacer una perforación depende, como es lógico, del material. Los materiales blandos se pueden perforar con láseres de relativamente baja potencia, como el de bióxido de carbono. Los materiales duros, en cambio, pueden requerir la potencia de un láser de rubí. Las mamilas de los bebés, en algunas fábricas, se perforan ya con láser, y se obtienen agujeros más perfectos y rápidos que con medios mecánicos. Una desventaja de los agujeros hechos con láser es su forma generalmente cónica.

b) *Corte de materiales.* Si el haz enfocado del láser se mueve con respecto al material, en lugar de producir solamente un agujero hace un corte. Tanto en el caso de los agujeros como en el de los cortes es necesario que la energía luminosa no sea reflejada sino absorbida por el material. Por esta razón, los materiales transparentes como el vidrio o los altamente reflectores como los metales no son los objetos ideales para esta operación. En el caso de los metales este problema se ha resuelto mediante un chorro de oxígeno, dirigido al mismo punto que el láser, a fin de favorecer la combustión en el punto calentado por el láser.

Los materiales ideales para ser cortados con láser son las telas, plásticos, algunos materiales sintéticos, fibras, pieles y otros similares. La madera no es un material adecuado, debido a que sus orillas se carbonizan.

c) *Marcas y grabados.* Si se controla la potencia del láser y la velocidad relativa del punto donde se enfoca la luz sobre el material, se pueden grabar materiales en su superficie sin cortarlos. Los fabricantes de circuitos integrados usan láseres para grabar sobre las obleas de silicio con las que se fabrican estos dispositivos.

d) *Soldaduras.* Si la potencia del láser se selecciona de tal manera que el material no se volatilice, sino que sólo se funda, no se producirá ningún corte, sino tan sólo una fusión local. De esta manera se pueden soldar piezas metálicas. En el caso de las soldaduras de microcircuitos, este método aumenta la velocidad y confiabilidad de la unión soldada en varios órdenes de magnitud. Una ventaja de los alambres que tienen barniz aislante es que se limpian y sueldan en una sola operación.

IV.6. Los láseres como instrumento de medida

Todas las medidas interferométricas que se describieron en la sección sobre interferometría se pueden efectuar con la luz de un láser, pero con la enorme ventaja de que la alta coherencia tanto espacial como temporal de la luz láser permite efectuar estas medidas con mucha mayor sencillez y precisión.

Además, podemos mencionar las siguientes aplicaciones metrológicas, que desde luego no son las únicas, pero que nos sirven como ejemplo:

a) *En las construcciones.* Aprovechando la propagación rectilínea de la luz, se puede usar la luz visible del láser de helio-neón para una gran variedad de trabajos. Por ejemplo, se puede usar para alineación de túneles, caminos, surcos de cultivo, etc. También se pueden nivelar o aplanar terrenos. Con el auxilio de otras componentes ópticas, como prismas, se puede también comprobar la perpendicularidad, horizontalidad o verticalidad de superficies.

b) *En agrimensura o topografía.* Ya se fabrican comercialmente instrumentos que, basados en un láser de helio-neón, tienen como propósito medir distancias. Para ello se coloca el instrumento en un extremo de la distancia a medir y en el otro extremo un prisma retrorreflector. Este prisma es un sistema que, aunque no esté bien orientado, regresa el haz luminoso por el mismo camino que llegó. Esto no lo podría hacer un espejo plano común, a menos que se colocara exactamente perpendicular al haz luminoso incidente, lo cual no es fácil. Así colocados instrumento y retrorreflector, el láser envía pulsos luminosos muy rápidos, que recorren el trayecto a medir dos veces, de ida y de regreso. Al regresar la luz, un dispositivo electrónico dentro del mismo instrumento determina la distancia recorrida por la luz, por el tiempo que tardaron en ir y venir los pulsos luminosos.

Esta forma de medir distancias no sólo es más exacta y rápida que los métodos convencionales, sino que en algunos casos es la única. Por ejemplo, con este método se pueden medir las distancias entre dos puntos situados en dos montañas separadas.

c) *En medidas astronómicas.* Con el principio descrito en la sección anterior es posible medir la distancia de la Tierra a la Luna con una exactitud de unos cuantos centímetros. Con este fin, los viajeros de la nave *Apolo 11* colocaron sobre la superficie de la Luna un sistema de prismas retrorreflectores. Dada la distancia, los pulsos del láser se enviaron con un láser de rubí instalado en un telescopio astronómico. Con este método no solamente se ha medido la distancia con muy pequeño margen de error, sino que además se han podido detectar pequeñas variaciones en esta distancia, lo que de otra manera hubiera sido imposible.

En 1976 se colocó en órbita un satélite geodinámico denominado *Lageos.* La superficie del satélite está cubierta por 496 retrorreflectores. Éstos reflejan pulsos luminosos emitidos por láseres en la superficie de la Tierra. Por medio de este satélite se han podido determinar con gran precisión pequeños movimientos relativos de dos zonas diferentes en la corteza terrestre.

d) *En control de calidad.* El láser combinado con técnicas interferométricas es el instrumento más exacto que existe para medir distancias pequeñísimas, como se ha descrito ya en la sección sobre interferometría. El láser es la fuente de luz ideal para cualquier experimento interferométrico. Ciertamente se hace interferometría desde muchos años antes de que el láser existiera, pero no en forma tan simple, cómoda y precisa como se puede hacer ahora.

IV.7. Los láseres en medicina

Una de las aplicaciones obvias de los láseres es en cierto tipo de cirugías, donde el haz luminoso del láser puede reemplazar con grandes ventajas al bisturí. La principal ventaja es que al mismo tiempo que corta va cauterizando los pequeños vasos sanguíneos, evitando prácticamente toda hemorragia. La mayoría de los láseres usados en cirugía son de bióxido de carbono. La intensidad y la velocidad del punto luminoso se regulan a fin de controlar la penetración del corte. Como el láser es en general un instrumento muy grande, el haz luminoso se lleva a la región deseada mediante un brazo plegable parecido al de los dentistas, con espejos en los codos del brazo. Mediante una lente al final de este brazo se enfoca el haz en el punto deseado.

El elevado precio del láser y sus accesorios hace que la cirugía con láser se efectúe solamente cuando es absolutamente necesario, aunque el grado de uso tiende a aumentar de manera constante. Sin embargo, es lógico esperar que el láser jamás llegue a eliminar por completo al bisturí. Las aplicaciones más exitosas del láser en cirugía son los siguientes tipos de operaciones:

a) *Cirugía ginecológica.* Los cánceres de la vagina y del útero tienen el gran inconveniente de que están ubicados en lugares de difícil acceso para el cirujano y, para agravar la situación, frecuentemente el cáncer esta esparcido en una gran área. Ésta es la situación ideal para el láser, pues puede irradiarse con la luz del láser toda el área deseada cuantas veces se quiera, a fin de destruir las células malignas sin provocar ningún sangrado. Esta técnica la viene aplicando con mucho éxito desde hace algunos años el doctor Michael S. Baggish en el Hospital de Monte Sinai, en Hartford, Connecticut.

b) *Operaciones de la garganta y del oído.* La garganta y el oído son órganos muy delicados, que fácilmente pueden lastimarse con la cirugía convencional. Con el láser se pueden cortar o cauterizar zonas pequeñísimas de estos órganos sin lastimar el resto. El láser más usado para este tipo de intervenciones es el de argón.

c) *Cirugía oftalmológica.* La diabetes, con el tiempo, tiene una gran propensión a provocar una degeneración de la retina del ojo, llamada retinopatía diabética. Esta enfermedad ha llegado a ser la causa número uno de la ceguera. La causa de este tipo de ceguera es la proliferación de vasos sanguíneos en la retina, que frecuentemente se rompen debido a su gran fragilidad. El tratamiento consiste en fotocoagular con la luz de un láser de argón estos vasos. El láser más usado es el de argón, debido a que su color verde hace que sea más fácilmente absorbido por la sangre, que es roja. La luz del láser se enfoca sobre el punto deseado en la retina, usando como lente enfocadora la misma lente del ojo, por lo que no es necesario abrir el ojo con bisturí.

Desgraciadamente, esta técnica no es tan eficaz como se desearía, pues ayuda a reducir o impedir la ceguera en tan sólo el cincuenta por ciento de los casos. Por otro lado, la técnica convencional de la fotocoagulación con una lámpara de xenón de alta intensidad es tan efectiva como el láser. La ventaja de este último es su mayor facilidad de manejo.

d) *Destrucción de úlceras hemorrágicas.* La combinación del endoscopio y el láser es un instrumento ideal para la coagulación de las úlceras hemorrágicas. El médico localiza la úlcera observando a través del endoscopio y luego envía la luz del láser a lo largo de una fibra óptica que va unida al endoscopio. Los láseres más usados han sido en primer lugar el de neodimio en YAG y en segundo lugar el de argón. El alto costo del equipo ha impedido que esta técnica se haga más popular.

e) *Cicatrización rápida de heridas.* Se ha observado que la exposición prolongada a la luz de un láser de baja potencia como el de helio-neón o el de argón puede ayudar a la cicatrización y endurecimiento de heridas ulcerosas pequeñas. La desventaja de este tratamiento es que es muy largo, con muchas sesiones de varias horas de exposición al láser. El mecanismo que ayuda a la cicatrización no ha sido todavía comprendido, ni este uso se ha difundido mucho.

f) *Cirugía de tumores cancerosos.* En el Instituto Roswell Park Memorial en Búfalo, Nueva York, el doctor Thomas Dougherty ha realizado el experimento que ahora describiremos. A un paciente con cáncer se le inyecta un colorante que ha sido seleccionado de tal manera que sea absorbido preferentemente por las células cancerosas. Después se ilumina la región donde está el tumor con un láser de alta potencia. La luz del láser es de tal color que es absorbido de manera especial por las células coloreadas, es decir, por las cancerosas, destruyendo el tejido maligno sin afectar al tejido sano. Este proceso se encuentra todavía en la etapa de experimentación, pero hay muchas esperanzas de éxito.

IV.8. Los láseres en las comunicaciones

Las telecomunicaciones han tenido una gran revolución desde la aparición del láser. Antes del láser ya se había experimentado con la comunicación por ondas luminosas, pero sin un gran éxito debido a la falta de coherencia, ya que es necesaria una gran monocromaticidad y direccionalidad.

En las comunicaciones casi siempre se emplea una técnica llamada en inglés *multiplexing*, para transmitir varios canales de información en una misma onda luminosa o de radio. Cada canal tiene un cierto ancho de banda para poder transmitir la información. Por ejemplo, un canal telefónico requiere al menos 5 kHz, un canal de transmisión de música en alta fidelidad requiere de 15 kHz, y un canal de televisión requiere de 3.5 MHz. Cuando se transmiten varios canales en una sola onda, llamada portadora, se colocan estos canales uno en seguida del otro. Así, diez canales telefónicos ocuparían un ancho de banda total de 50 kHz.

Es obvio que el número de canales que se pueden transmitir en una onda es igual al ancho de banda total disponible para la información que se desea transmitir, dividido entre el ancho de banda necesario para cada canal. Por lo tanto es deseable que el ancho de banda total sea lo más grande posible, pero éste está limitado por muchos factores tanto en el transmisor como en el receptor y por supuesto también por la frecuencia de la onda portadora. En este aspecto el láser es la fuente ideal para las comunicaciones, pues su ancho de banda potencial es casi 100 000 veces mayor que el de un transmisor de microondas. Aunque hay detalles prácticos que han impedido llegar a ese límite, sí es definitivamente mucho mayor su capacidad de transmitir información.

El problema de las ondas luminosas es que son más fácilmente esparcidas o absorbidas por la atmósfera, y esto limita mucho su alcance. Una solución es usar longitudes de onda que sean menos perturbadas por la atmósfera, las cuales se encuentran en el infrarrojo. Por esta razón es más conveniente usar un láser de bióxido de carbono o de neodimio que uno de helio-neón. Una posible ventaja en algunos casos es la facilidad de su empleo, ya que el haz luminoso se puede dirigir a donde se desee con mucho mayor direccionalidad que las microondas, debido a su menor longitud de onda. La razón es que una onda se abre y se separa de su trayectoria debido a la difracción, tanto más cuanto mayor sea su longitud de onda.

Otra solución al problema de la atmósfera es transmitir la onda luminosa en una fibra óptica. A pesar de su costo, este método es barato comparado con el precio de un cable coaxial. Las fibras ópticas combinadas con láseres de estado sólido son ahora muy usadas en las redes telefónicas en todo el mundo.

IV.9. Los láseres en la investigación científica

En la investigación científica el láser es una herramienta utilísima, que se usa cada vez con más frecuencia. Para ilustrar este punto, mencionaremos las siguientes aplicaciones:

a) *Fusión de hidrógeno.* Existen dos maneras de obtener energía del átomo. La primera es mediante el proceso llamado de fisión del uranio, que consiste en partir los núcleos del átomo de uranio. El método se lleva a cabo bombardeando con partículas una masa de uranio mayor que una cierta cantidad llamada masa crítica. Éste es el proceso que se lleva a cabo en los reactores nucleares y, por supuesto, en la bomba atómica. Tiene la gran desventaja de que produce residuos de partículas radiactivas que son muy peligrosas, y resulta muy difícil deshacerse de ellas.

El segundo método de obtener energía del átomo es mediante un proceso esencialmente opuesto al de la fisión. El método consiste en la fusión de dos átomos de hidrógeno para obtener un átomo de helio. En el proceso se libera la energía deseada. Ésta es la manera en la cual producen energía el Sol y las estrellas. La gran ventaja de este método sobre el de la fisión de uranio es que el proceso mismo no deja residuos radiactivos, y que el hidrógeno es un material mucho más abundante que el uranio. Es tan abundante que se encuentra disponible en grandes cantidades en el agua de los océanos. La desventaja es que la fusión de hidrógeno no se puede iniciar sin una gran presión y temperatura, pero éstas se han obtenido mediante la explosión de una bomba atómica de uranio. Sin embargo, así se pierde una de las grandes ventajas inherentes de la reacción, que es la de no producir materiales radiactivos ni usar uranio. Ésta es la llamada bomba de hidrógeno.

Aquí es precisamente donde aparece el láser en escena. Mediante un gran número de láseres de muy alta potencia enfocados sobre una pequeña región es posible producir tanto la temperatura como la presión deseadas. Una vez iniciada la fusión, la misma reacción mantiene la presión y la temperatura deseadas.

Desafortunadamente la fusión iniciada por láser aún se encuentra en la etapa de experimentación. Para ello se están realizando los experimentos más impresionantes y costosos que se han llevado a cabo en los últimos tiempos. Un láser de muy alta potencia se encuentra en el Laboratorio Nacional de la Lawrence Libermoore, en Libermoore, California. Tiene un tamaño equivalente al de un edificio de cuatro pisos y recibe el nombre de Shiva en memoria de la diosa hindú de múltiples brazos, diosa de la creación y la destrucción. Su costo es superior a los 25 millones de dólares.

Se cree que la fusión de hidrógeno será la forma de obtener energía en el futuro, cuando el petróleo se agote, pero tal vez para ello falten aún más de veinte años.

b) *Obtención de presiones y temperaturas extremadamente bajas.* Según la forma en la que se use el láser, se pueden lograr presiones y temperaturas muy altas o muy bajas. Con su ayuda se han podido obtener vacíos casi perfectos y temperaturas cercanas al cero absoluto.

IV.10. Los láseres en la vida diaria

Los láseres son ahora tan populares que han invadido ya nuestras actividades cotidianas. Los láseres continuos de gas, tanto de helio-neón como los de argón se usan frecuentemente para usos decorativos. Un ejemplo es el láser de argón del faro de la Gran Plaza en la ciudad de Monterrey, Nuevo León. Otro ejemplo son los láseres de argón que se han usado ya varias veces en la Plaza de la Constitución en la ciudad de México, durante la fiesta de la Independencia, la noche del 15 de septiembre. Controlando rápidamente la dirección del haz por medio de deflectores electro-ópticos, se han formado figuras luminosas enormes sobre las paredes de los edificios de la plaza. Finalmente, otro ejemplo muy común son los láseres de helio-neón que se usan para proyectar figuras de todos tipos en los salones de algunas discotecas.

Los láseres continuos de gas son la fuente luminosa que se emplea para leer el código de barras que se encuentra ahora en una multitud de productos. Mediante la lectura de este código se pasa la información sobre el tipo de producto a una computadora, donde se encuentra almacenado el costo, el precio, las existencias, el nombre y dirección del proveedor, etc. De esta manera toda la contabilidad y control de existencias se puede llevar a cabo automáticamente, sin necesidad de una intervención humana que pueda introducir errores.

Los láseres de estado sólido se usan en las impresoras láser para computadora. Estas impresoras funcionan con base en un proceso muy similar al de las copiadoras Xerox, pero con la diferencia de que la imagen no la forma un sistema de lentes sino la iluminación directa con un pequeño láser controlado por la computadora.

Los láseres de estado sólido se usan ya en un gran número de aparatos domésticos. El uso más populular de ellos es, sin duda, en los reproductores de música de disco compacto digital.

V. La holografía

LA HOLOGRAFÍA se puede describir en muy pocas palabras como un sistema de fotografía tridimensional, sin el uso de lentes para formar la imagen. Ésta es una de las técnicas ópticas que ya se veían teóricamente posibles antes de la invención del láser, pero que no se pudieron volver realidad antes de él.

V.1. HISTORIA DE LA HOLOGRAFÍA

El inventor de la holografía fue Dennis Gabor (1900-1981), nacido en Budapest, Hungría. Estudió y recibió su doctorado en la Technische Hochschule en Charlottenburg, Alemania, y después fue investigador de la compañía Siemens & Halske en Berlín, hasta 1933. Después se trasladó a Inglaterra, donde permaneció hasta su muerte. Viajaba muy frecuentemente a los Estados Unidos, donde trabajaba durante parte de su tiempo en los laboratorios CBS en Stanford, Conn. Dennis Gabor recibió el premio Nobel de Física, en 1971.

En 1947, más de diez años antes de que se construyera el primer láser de helio-neón, Dennis Gabor buscaba un método para mejorar la resolución y definición del microscopio electrónico, compensando por medios ópticos las deficiencias de su imagen. Gabor se propuso realizar esto mediante un proceso de registro fotográfico de imágenes al que llamó *holografía*, que viene del griego *holos*, que significa completo, pues el registro que se obtiene de la imagen es completo, incluyendo la información tridimensional. El método ideado por Gabor consistía en dos pasos, el primero de los cuales era el registro, en una placa fotográfica, del patrón de difracción producido por una onda luminosa (o un haz de electrones en el caso del microscopio electrónico) cuando pasa por el objeto cuya imagen se desea formar. El segundo paso era pasar un haz luminoso a través del registro fotográfico, una vez revelado. La luz, al pasar por esta placa, se difractaba de tal manera que en una pantalla colocada adelante se formaba una imagen del objeto. Gabor no tuvo éxito con su propósito fundamental, que era mejorar las imágenes del microscopio electrónico, pero sí obtuvo un método nuevo e interesante para formar imágenes. Había formado el primer holograma, aunque obviamente era muy rudimentario si lo comparamos con los modernos. Para comenzar, la imagen era muy confusa debido a que las diferentes imágenes que se producían no se separaban unas de otras. Por otro lado, las fuentes de luz coherente de la época no permitían una iluminación razonablemente intensa del holograma, lo que hacía muy difícil su observación. Sin embargo, las bases de la holografía quedaron así establecidas.

En 1950 Gordon Rogers exploró la técnica de Gabor, obteniendo una idea mucho más clara de los principios ópticos que estaban en juego. Dos años más tarde, en 1952, Ralph Kirkpatrick y sus dos estudiantes, Albert Baez y Hussein El-Sum, se interesaron en la holografía y contribuyeron a ampliar los conocimientos sobre ella. El-Sum produjo la primera tesis doctoral en holografía. Adolph Lomann aplicó por primera vez en Alemania las técnicas de la teoría de la comunicación a la holografía, y como consecuencia sugirió lo que ahora se conoce como el "método de banda lateral sencilla", para separar las diferentes imágenes que se producían en el holograma. Así, los conocimientos sobre holografía avanzaban cada vez más, pero en todos estos estudios el obstáculo principal era la falta de fuentes de luz coherentes suficientemente brillantes.

Desconociendo totalmente los trabajos sobre holografía, Emmett N. Leith, un investigador en ingeniería eléctrica de la Universidad de Michigan, buscaba en 1956 un método para registrar y mostrar gráficamente la forma de onda de las señales de radar, usando técnicas ópticas. En 1960, cuando ya prácticamente tenía la solución a su problema, se enteró de los trabajos de Gabor y de sus sucesores, dándose así cuenta de que en realidad habían redescubierto la holografía. A partir de entonces

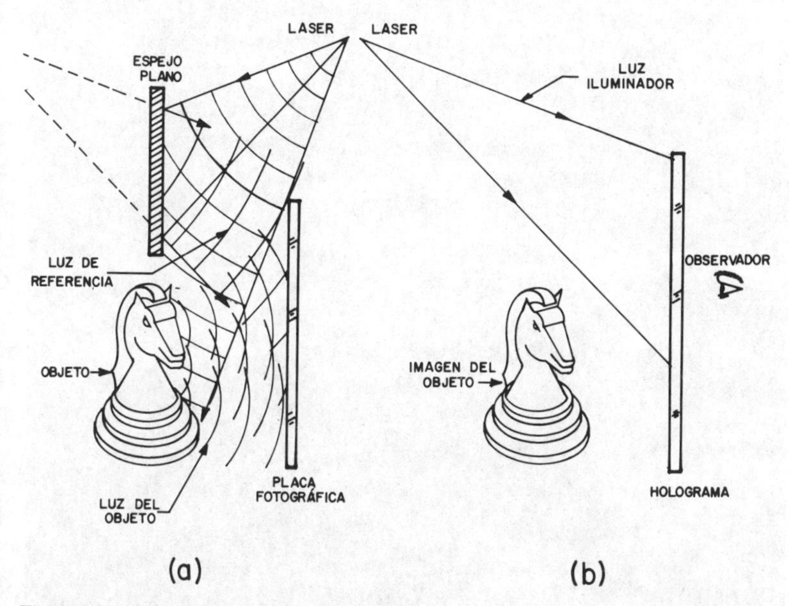

Figura 36. Esquemas de la exposición y reconstrucción de un holograma: (a) exposición y (b) reconstrucción.

el objetivo de esos trabajos fue perfeccionar el método. La solución que encontró Leith, con la colaboración de su colega Juris Upatnieks, eliminaba el principal problema de la holografía de Gabor, de que no solamente se producía una imagen del objeto deseado sino dos, una real y una virtual, que mezcladas entre sí y con la luz incidente producían una imagen muy difusa. La técnica inventada por Emmett N. Leith y Juris Upatnieks resuelve el problema, pues encuentra la forma de separar estas imágenes. Como además ya existía el láser de gas, los resultados encontrados en poco tiempo fueron impresionantes. Los logros de Leith y Upatnieks se publicaron en los años de 1961 y 1962.

Figura 37. Formación de un holograma, sobre una mesa estable, en el Centro de Investigaciones en Óptica.

V.2. Bases de la holografía

El método inventado por Leith y Upatnieks para hacer los hologramas consiste primeramente en la iluminación con el haz luminoso de un láser, del objeto cuya imagen se quiere registrar. Se coloca después una placa fotográfica en una posición tal que a ella llegue la luz tanto directa del láser, o reflejada en espejos planos, como la que se refleja en el objeto cuya imagen se desea registrar (Figura 36a). Al haz directo que no proviene del objeto se le llama haz de referencia y al otro se le llama haz del objeto. Estos dos haces luminosos interfieren al coincidir sobre la placa fotográfica. La imagen que se obtiene después de revelar la placa es un patrón de franjas de interferencia. Ésta es una complicada red de líneas similares a las de una rejilla de difracción, pero bastante más complejas pues no son rectas, sino muy curvas e irregulares.

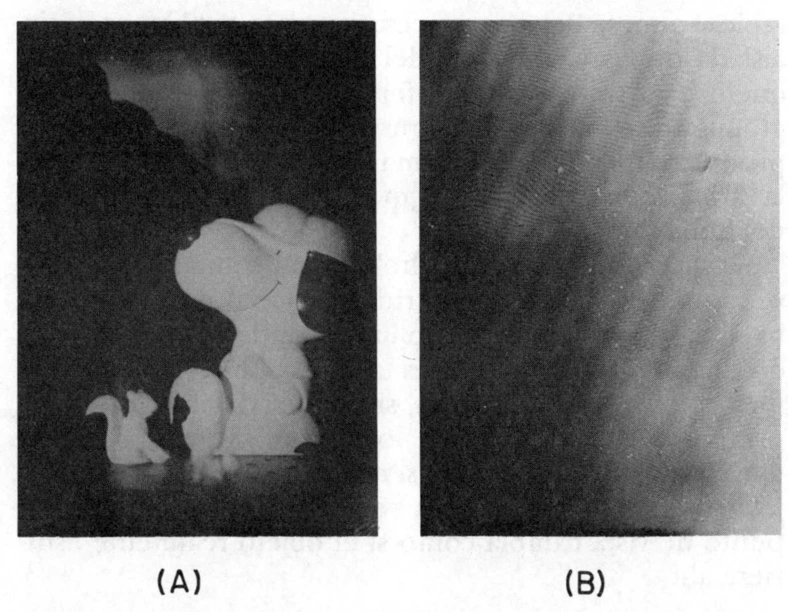

(A) (B)

Figura 38. Un holograma. (a) Imagen producida por el holograma y (b) franjas de interferencia en el plano del holograma.

Ya revelado el holograma, para reconstruir la imagen se coloca éste frente al haz directo del láser, en la posición original donde se colocó para exponerlo, como se ilustra en la figura 36(b). La luz que llega al holograma es entonces difractada por las franjas impresas en el holograma, generando tres haces luminosos. Uno de los haces es el que pasa directamente sin difractarse, el cual sigue en la dirección del haz iluminador y no forma ninguna imagen. El segundo haz es difractado y es el que forma una imagen virtual del objeto en la misma posición donde estaba al tomar el holograma. El tercer haz también es difractado, pero en la dirección opuesta al haz anterior con respecto al haz directo. Este haz forma una imagen real del objeto. Estos tres haces son los que se mezclaban en los hologramas de Gabor. La figura 37 muestra el proceso de exposición de un holograma sobre una mesa estable. La mesa debe ser necesariamente estable, es decir, aislada de las vibraciones del piso, a fin de que las pequeñísimas franjas de interferencia que forman el holograma no se pierdan. La figura 38(a) muestra la imagen producida por un holograma y la figura 38(b) muestra las franjas de interferencia que se observan en el plano del holograma.

Observando a través del holograma como si fuera una ventana, se ve la imagen tridimensional del objeto (la imagen virtual) en el mismo lugar donde estaba el objeto originalmente. La imagen es tan real que no sólo es tridimensional o estereoscópica, sino que además tiene perspectiva variable, dentro de los límites impuestos por el tamaño del holograma. Así, si nos movemos para ver el objeto a través de diferentes regiones del holograma, el punto de vista cambia como si el objeto realmente estuviera ahí.

V.3. Diferentes tipos de hologramas

La holografía ha progresado de una manera impresionante y rápida debido a la gran cantidad de aplicaciones que se le están encontrando día a día. Los hologramas se pueden ahora hacer de muy diferentes maneras, pero todos con el mismo principio básico. Los principales tipos de hologramas son los siguientes:

a) *Hologramas de Fresnel.* Éstos son los hologramas más simples, tal cual se acaban de describir en la sección anterior. También son los hologramas más reales e impresionantes, pero tienen el problema de que sólo pueden ser observados con la luz de un láser.

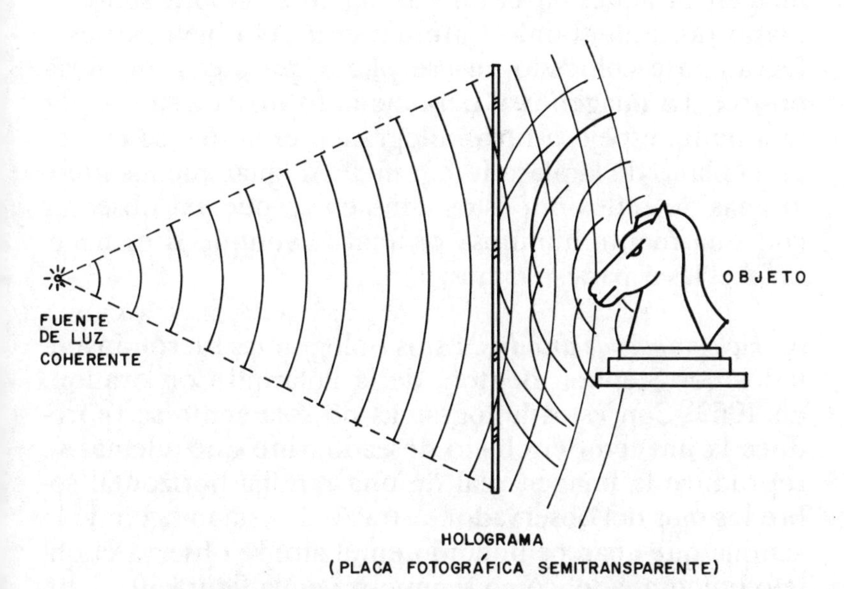

Figura 39. Formación de un holograma de reflexión.

b) *Hologramas de reflexión.* Los hologramas de reflexión, inventados por Y. N. Denisyuk en la Unión Soviética, se diferencian de los de Fresnel en que el haz de referencia, a la hora de tomar el holograma, llega por detrás y no por el frente, como se muestra en la figura 39. La imagen de este tipo de hologramas tiene la enorme ventaja de que puede ser observada con una lámpara de tungsteno común y corriente. En cambio, durante la toma del holograma se requiere una gran estabilidad y ausencia de vibraciones, mucho mayor que con los hologramas de Fresnel. Este tipo de holograma tiene mucho en común con el método de fotografía a color por medio de capas de interferencia, inventado en Francia en 1891 por Gabriel Lippmann, y por el cual obtuvo el premio Nobel en 1908.

c) *Hologramas de plano imagen.* Un holograma de plano imagen es aquel en el que el objeto se coloca sobre el plano del holograma. Naturalmente, el objeto no está físicamente colocado en ese plano, pues esto no sería posible. La imagen real del objeto, formada a su vez por una lente, espejo u otro holograma, es la que se coloca en el plano de la placa fotográfica. Al igual que los hologramas de reflexión, éstos también se pueden observar con una fuente luminosa ordinaria, aunque sí es necesario el láser para su exposición.

d) *Hologramas de arco iris.* Estos hologramas fueron inventados por Stephen Benton, de la Polaroid Corporation, en 1969. Con estos hologramas no solamente se reproduce la imagen del objeto deseado, sino que además se reproduce la imagen real de una rendija horizontal sobre los ojos del observador. A través de esta imagen de la rendija que aparece flotando en el aire se observa el objeto holografiado, como se muestra en la figura 40. Naturalmente, esta rendija hace que se pierda la tridimensionalidad de la imagen si los ojos se colocan sobre una línea vertical, es decir, si el observador está acostado. Ésta no es una desventaja, pues generalmente el observador no está en esta posición durante la observación. Una segunda condición durante la toma de este tipo de hologramas es que el haz de referencia no esté colocado a un lado, sino abajo del objeto.

Este arreglo tiene la gran ventaja de que la imagen se puede observar iluminando el holograma con la luz blanca de una lámpara incandescente común. Durante la reconstrucción se forma una multitud de rendijas frente a los ojos del observador, todas ellas horizontales y paralelas entre sí, pero de diferentes colores, cada color a diferente altura. Según la altura a la que coloque el ob-

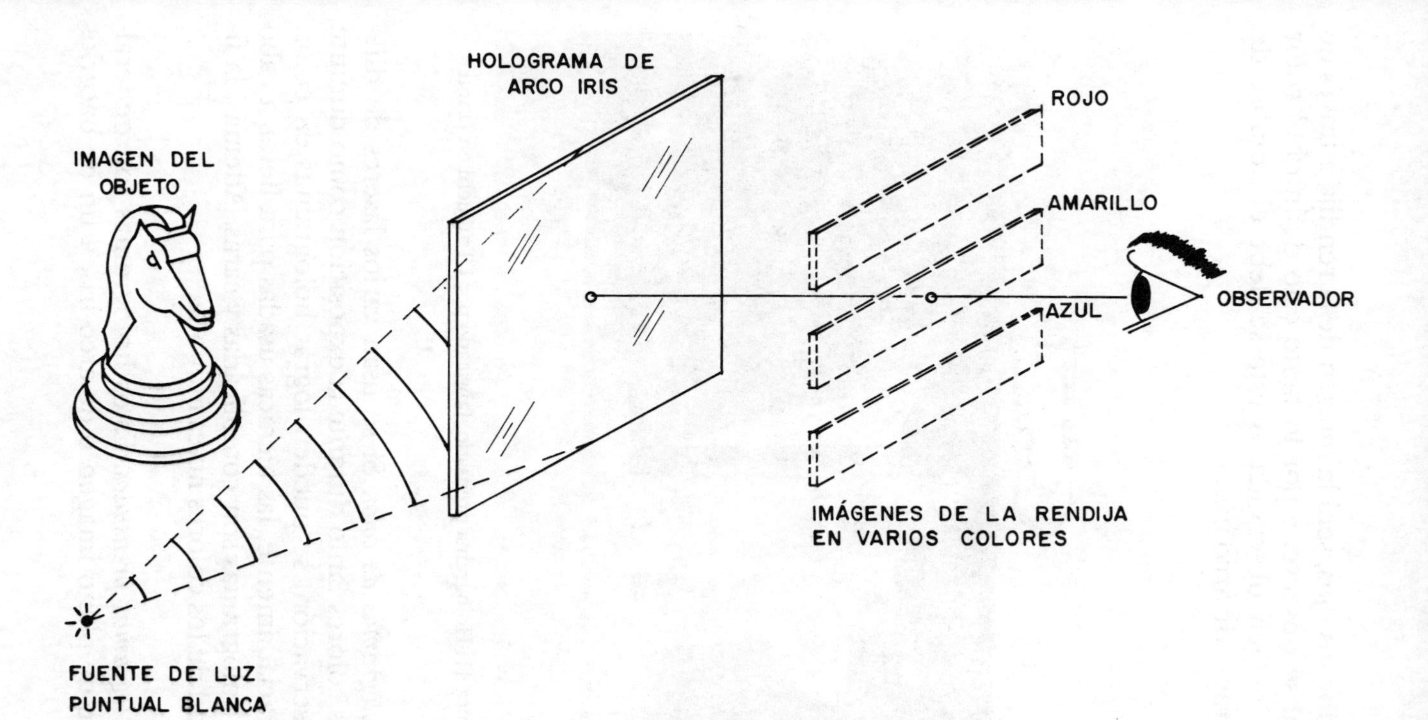

Figura 40. Formación de un holograma de arco iris.

servador sus ojos, será la imagen de la rendija a través de la cual se observe, y por lo tanto esto definirá el color de la imagen observada. A esto se debe el nombre de holograma de arco iris.

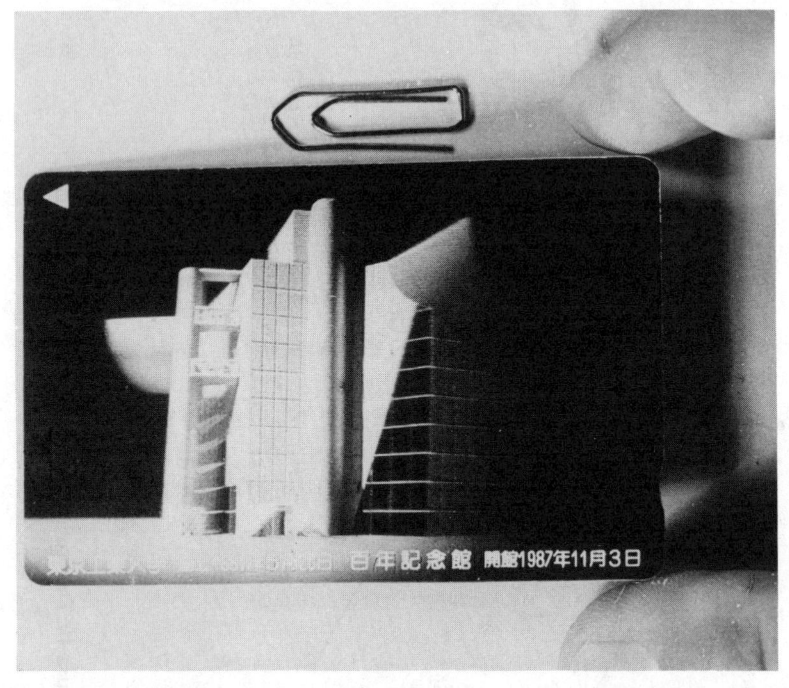

Figura 41. Holograma prensado, fabricado por J.Tsujiuchi en Japón.

e) *Hologramas de color.* Si se usan varios láseres de diferentes colores tanto durante la exposición como durante la observación, se pueden lograr hologramas en color. Desgraciadamente, las técnicas usadas para llevar a cabo estos hologramas son complicadas y caras. Además, la fidelidad de los colores no es muy alta.

f) *Hologramas prensados.* Estos hologramas son generalmente de plano imagen o de arco iris, a fin de hacerlos observables con luz blanca ordinaria. Sin embargo, el proceso para obtenerlos es diferente. En lugar de registrarlos sobre una placa fotográfica, se usa una capa de una resina fotosensible, llamada Fotoresist, depositada sobre una placa de vidrio. Con la exposición a la luz, la placa fotográfica se ennegrece. En cambio, la capa de Fotoresist se adelgaza en esos puntos. Este adelgazamiento, sin embargo, es suficiente para difractar la luz y poder producir la imagen. Dicho de otro modo, la información en el holograma no queda grabada como un sistema de franjas de interferencia obscuras, sino como un sistema de surcos microscópicos. La figura 41 muestra un holograma prensado.

El siguiente paso es recubrir el holograma de Fotoresist, mediante un proceso químico o por evaporación, de un metal, generalmente níquel. A continuación se separa el holograma, para que quede solamente la película metálica, con el holograma grabado en ella. El paso final es mediante un prensado con calor: imprimir este holograma grabado en la superficie del metal, sobre una película de plástico transparente. Este plástico es el holograma final.

Este proceso tiene la enorme ventaja de ser adecuado para producción de hologramas en muy grandes cantidades, pues una sola película metálica es suficiente para prensar miles de hologramas. Este tipo de hologramas es muy caro si se hace en pequeñas cantidades, pero es sumamente barato en grandes producciones.

g) *Hologramas de computadora.* Las franjas de interferencia que se obtienen con cualquier objeto imaginario o real se pueden calcular mediante una computadora. Una vez calculadas estas franjas, se pueden mostrar en una pantalla y luego fotografiar. Esta fotografía sería un holograma sintético. Tiene la gran desventaja de que no es fácil representar objetos muy complicados con detalle. En cambio, la gran ventaja es que se puede representar cualquier objeto imaginario. Esta técnica se usa mucho para generar frentes de onda de una forma cualquiera, con alta precisión. Esto es muy útil en interferometría.

V.4. La holografía de exhibición

Ésta es la aplicación más frecuente y popular de la holografía. Es muy conocida, por ejemplo, la exhibición que hizo una famosa joyería de la Quinta Avenida de Nueva York, donde por medio de un holograma sobre el vidrio de un escaparate se proyectaba hacia la calle la imagen tridimensional de una mano femenina, mostrando un collar de esmeraldas. La imagen era tan real que provocó la admiración de muchísimas personas, e incluso temor en algunas. Se dice que una anciana, al ver la imagen, se atemorizó tanto que comenzo a tratar de golpear la mano con su bastón, pero al no lograrlo, corrió despavorida.

Una aplicación que se ha mencionado mucho es la de la exhibición de piezas arqueológicas o de mucho valor en museos. Esto se puede lograr con tanto realismo que sólo un experto podría distinguir la diferencia.

Otra aplicación que se ha explorado es la generación de imágenes médicas tridimensionales, que no pueden ser observadas de otra manera. Como ejemplo, solamente describiremos ahora el trabajo desarrollado en Japón por el doctor Jumpei Tsujiuchi. El primer paso en este trabajo fue obtener una serie de imágenes de rayos X de una cabeza de una persona viva. Estas imágenes estaban tomadas desde muchas direcciones, al igual que se hace al tomar una tomografía. Todas estas imágenes se sintetizaron en un holograma, mediante un método óptico que no describiremos aquí. El resultado fue un holograma que al ser iluminado con una lámpara ordinaria producía una imagen tridimensional del interior del cráneo. Esta imagen cubre 360 grados, pues el holograma tiene forma cilíndrica. El observador podía moverse alrededor del holograma para observar cualquier detalle que desee. La imagen es realmente impresionante si se considera que se está viendo el interior del cráneo de una persona viva, que obviamente puede ser el mismo observador.

Otra aplicación natural es la obtención de la imagen tridimensional de una persona. Esto se ha hecho ya con tanto realismo que la imagen es increíblemente natural y bella. Sin duda ésta es la fotografía del futuro. Lamentablemente, por el momento es tan alto el costo, sobre todo por el equipo que se requiere, que no se ha podido comercializar y hacer popular.

Se podrían mencionar muchas más aplicaciones de la holografía de exhibición, pero los ejemplos anteriores son suficientes para dar una idea de las posibilidades, que cada día se explotan más.

V.5. La holografía como instrumento de medida

La holografía es también un instrumento muy útil, asociado con la interferometría (la cual ya se ha descrito antes en este libro), para efectuar medidas sumamente precisas.

La utilidad de la holografía proviene del hecho de que mediante ella es posible reconstruir un frente de onda de cualquier forma que se desee, para posteriormente compararlo con otro frente de onda generado en algún momento posterior. De esta manera es posible observar si el frente de onda original es idéntico al que se produjo después, o bien si tuvo algún cambio. Esto permite determinar las deformaciones de cualquier objeto con una gran exactitud, aunque los cambios sean tan pequeños como la longitud de onda de la luz. Para ilustrar esto con algunos ejemplos, mencionaremos los siguientes:

a) *Deformaciones muy pequeñas en objetos sujetos a tensiones o presiones.* Mediante holografía interferométrica ha sido posible determinar y medir las deformaciones de objetos sujetos a tensiones o presiones. Por ejemplo, las deformaciones de una máquina, de un gran espejo de telescopio o de cualquier otro aparato se pueden evaluar con la holografía.

b) *Deformaciones muy pequeñas en objetos sujetos a calentamiento.* De manera idéntica a las deformaciones producidas mecánicamente, se pueden evaluar las deformaciones producidas por pequeños calentamientos. Ejemplo de esto es el examen de posibles zonas calientes en circuitos impresos en operación, en partes de maquinaria en operación, y muchos más.

c) *Determinación de la forma de superficies ópticas de alta calidad.* Como ya se ha comentado antes, la unión de la interferometría con el láser y las técnicas holográficas les da un nuevo vigor y poder a los métodos interferométricos para medir la calidad de superficies ópticas.

V.6. La holografía como almacén de información

La holografía también es útil para almacenar información. Ésta se puede registrar como la dirección del rayo que sale del holograma, donde diferentes direcciones corresponderían a diferentes valores numéricos o lógicos. Esto es particularmente útil, ya que existen materiales holográficos que se pueden grabar y borrar a voluntad, de forma muy rápida y sencilla. Con el tiempo, cuando se resuelvan algunos problemas prácticos que no se ven ahora como muy complicados, será sin duda posible substituir las memorias magnéticas o las de estado sólido que se usan ahora en las computadoras, por memorias holográficas.

V.7. La holografía como dispositivo de seguridad

Hacer un holograma no es un trabajo muy simple, pues requiere en primer lugar de conocimentos y en segundo lugar de un equipo que no todos poseen, como láseres y mesas estables. Esto hace que los hologramas sean difíciles de falsificar, pues ello requeriría, además, que el objeto y todo el proceso para hacer el holograma fueran idénticos, lo que obviamente en algunos casos puede ser imposible. Por ejemplo, el objeto puede ser un dedo con sus huellas digitales. Esto hace que la holografía sea un instrumento ideal para fabricar dispositivos de seguridad.

Un ejemplo es el de una tarjeta para controlar el acceso a ciertos lugares en los que no se desea permitir libremente la entrada a cualquier persona. La tarjeta puede ser tan sólo un holograma con la huella digital de la persona. Al solicitar la entrada al lugar con acceso controlado, se introduce la tarjeta en un aparato, sobre el que también se coloca el dedo pulgar. El aparato compara la huella digital del holograma con la de la persona. Si las huellas no son idénticas, la entrada es negada. De esta manera, aunque se extravíe la tarjeta, ninguna otra persona podría usarla.

Otro ejemplo muy común son los pequeños hologramas prensados que tienen las nuevas tarjetas de crédito. Estos hologramas, por ser prensados, son de los más difíciles de reproducir, por lo que la falsificación de una tarjeta de crédito se hace casi imposible. Si alguien con los conocimientos y el equipo quisiera falsificar estos hologramas lo podría hacer, pero su costo sería tan elevado que sería totalmente incosteable, a menos que lo hiciera en cantidades muy grandes a fin de que el costo se repartiera.

VI. Procesamiento de imágenes

El procesamiento de imágenes tiene como objetivo mejorar el aspecto de las imágenes y hacer más evidentes en ellas ciertos detalles que se desean hacer notar. La imagen puede haber sido generada de muchas maneras, por ejemplo, fotográficamente, o electrónicamente, por medio de monitores de televisión. El procesamiento de las imágenes se puede en general hacer por medio de métodos ópticos, o bien por medio de métodos digitales, en una computadora. En la siguiente sección describiremos muy brevemente estos dos métodos, pero antes se hará una síntesis brevísima de los principios matemáticos implícitos en ambos métodos, donde el teorema de Fourier es el eje central.

El matemático Jean-Baptiste-Joseph Fourier (1768-1830) nació en Auxerre, alrededor de 160 km al sureste de París. Perdió a sus padres a la temprana edad de ocho años, quedando al cuidado del obispo de Auxerre, gracias a la recomendación de una vecina. Desde muy pequeño mostró una inteligencia y vivacidad poco comunes. Siguió una carrera religiosa en una abadía, al mismo tiempo que estudiaba matemáticas, para más tarde dedicarse a impartir clases. Sus clases eran muy amenas, pues constantemente mostraba una gran erudición y conocimientos sobre los temas más variados.

Fourier estaba muy interesado en la teoría del calor, y además tenía una gran obsesión práctica por él. Se dice que mantenía su habitación tan caliente que era muy incómoda para quienes lo visitaban, y que aparte de eso, siempre llevaba puesto un grueso abrigo. Algunos historiadores atribuyen esta excentricidad a los tres años que pasó en Egipto con el ejército de Napoleón Bonaparte.

La teoría de Fourier se consideró tan importante desde sus inicios, que lord Kelvin dijo de ella: "El teorema de Fourier no solamente es uno de los resultados más hermosos del análisis moderno, sino que además se puede decir que proporciona una herramienta indispensable en el tratamiento de casi todos los enigmas de la física moderna."

El teorema de Fourier afirma que una gráfica o función, cualquiera que sea su forma, se puede representar con alta precisión dentro de un intervalo dado, mediante la suma de una gran cantidad de funciones senoidales, con diferentes frecuencias. Dicho de otro modo, cualquier función, sea o no sea periódica, se puede representar por una superposición de funciones periódicas con diferentes frecuencias. El teorema nos dice de qué manera se puede hacer esta representación, pero hablar de él va más allá del objeto de este libro.

La variación de la irradiancia o brillantez de una imagen, medida a lo largo de una dirección cualquiera es entonces una función que se puede representar mediante el teorema de Fourier, con una suma de distribuciones senoidales de varias frecuencias. Sin entrar en detalles técnicos innecesarios, simplemente afirmaremos aquí que el atenuar o reforzar individualmente algunas de estas componentes senoidales puede tener un efecto dramático en la calidad de una imagen, mejorándola o empeorándola, según el caso. Éste es el fundamento del procesamiento de imágenes, tanto por medios ópticos como digitales, que ahora describiremos.

VI.1. PROCESAMIENTO ÓPTICO

Los principios del procesamiento óptico de imágenes están bien establecidos desde el siglo pasado, cuando se desarrolló la teoría de la difracción de la luz. Sin embargo, su aplicación práctica data apenas del principio de la década de los sesenta, cuando se comenzó a disponer del rayo láser.

El procesamiento óptico se basa en el hecho de que la imagen de difracción de Fraunhofer de una transparencia colocada en el plano focal frontal de una lente es una distribución luminosa que representa la distribución de las frecuencias de Fourier que componen la imagen, a la que se le llama técnicamente transformada de Fourier.

Consideremos el arreglo óptico de la figura 42. En el plano focal frontal de la lente L_1 se ha colocado la transparencia T, la cual esta siendo iluminada por un haz de rayos paralelos provenientes de un láser de gas. Sobre el plano focal F_1 de la lente L_1 se forma una distribución luminosa que representa la transformada de Fourier de la transparencia. Si ahora se coloca otra lente L_2 como se muestra en la misma figura, se puede formar una imagen de la transparencia en el plano focal F_2 de esta lente. Si ahora se coloca cualquier objeto o diafragma sobre el plano F_1, se pueden eliminar las porciones que se deseen de la transformada de Fourier de la transparencia, eliminando así de la imagen las frecuencias de Fourier deseadas.

Cada porción de la transformada de Fourier corresponde a una frecuencia espacial diferente sobre el objeto. Por lo tanto, mediante los diafragmas adecuados se pueden eliminar las frecuencias espaciales, llamadas también de Fourier, que se deseen quitar.

VI.2. PROCESAMIENTO DIGITAL

Al igual que en el caso del procesamiento óptico, los principios fundamentales del procesamiento digital de imágenes están establecidos hace muchos años, pero no se llevaban a cabo debido a la falta de computadoras. Con la aparición de las computadoras de alta capacidad y memoria, era natural que se comenzara a desarrollar este campo. Uno de los primeros lugares donde se em-

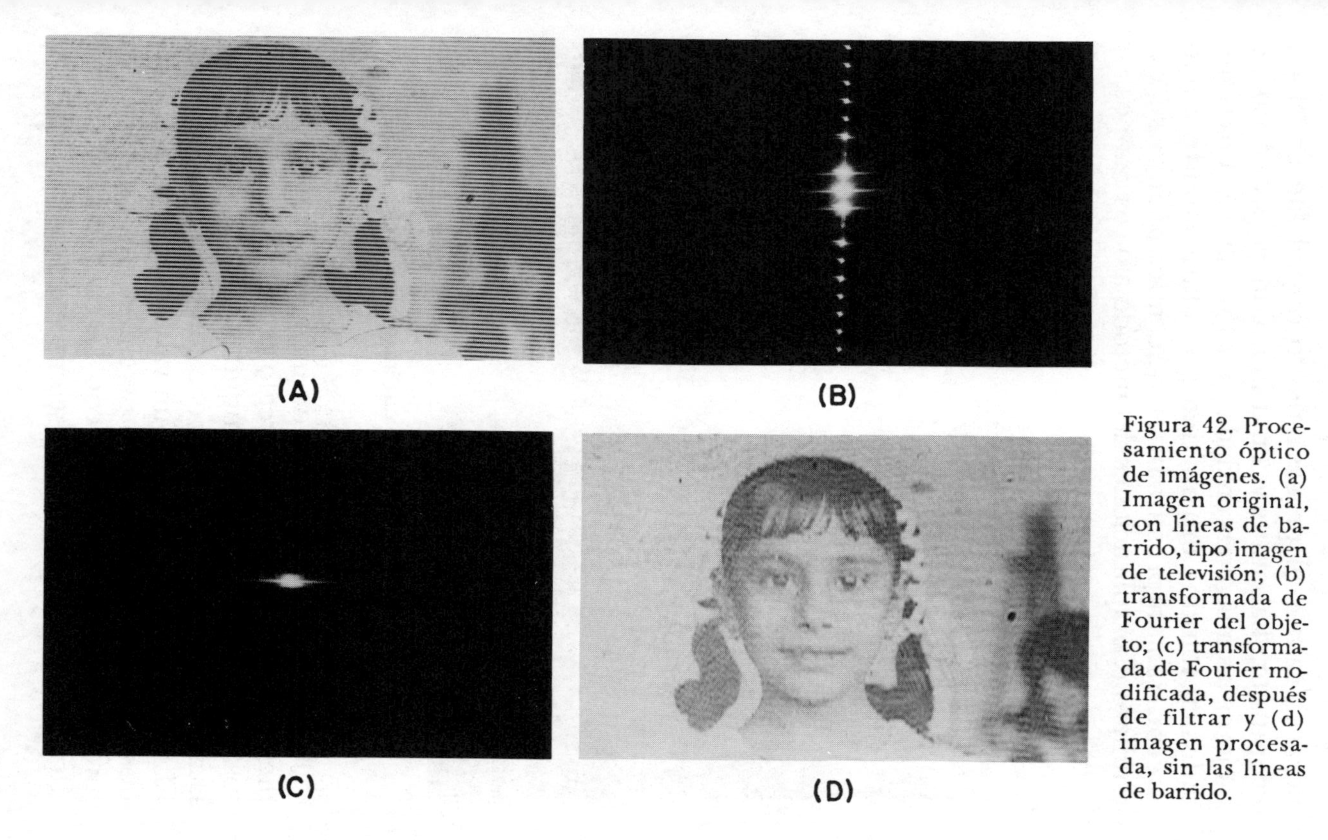

Figura 42. Procesamiento óptico de imágenes. (a) Imagen original, con líneas de barrido, tipo imagen de televisión; (b) transformada de Fourier del objeto; (c) transformada de Fourier modificada, después de filtrar y (d) imagen procesada, sin las líneas de barrido.

pezó a realizar el procesamiento digital fue en el Jet Propulsion Laboratory, en 1959, con el propósito de mejorar las imágenes enviadas por los cohetes. Los resultados obtenidos en un tiempo relativamente corto fueron tan impresionantes que muy pronto se extendieron las aplicaciones del método a otros campos.

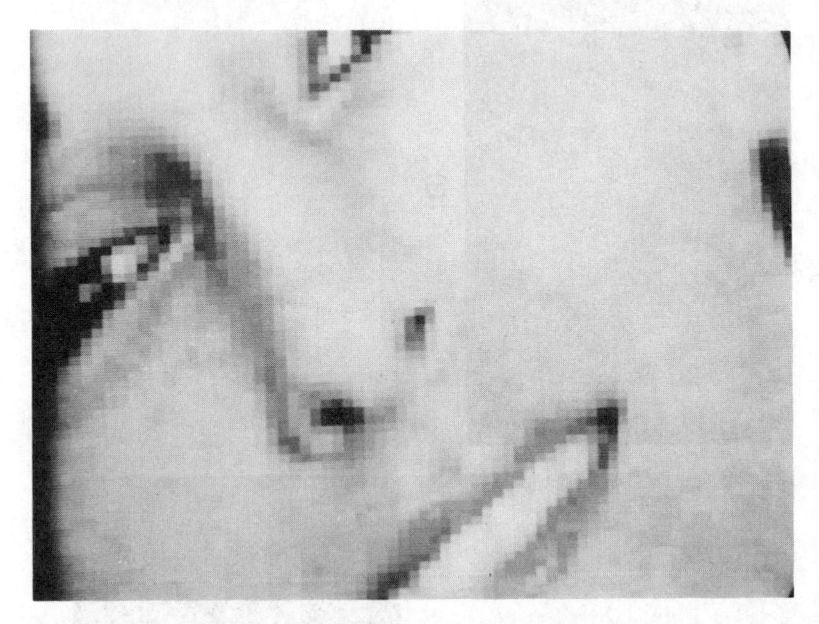

Figura 43. División de una imagen en pixeles

El procesamiento digital de imágenes se efectúa dividiendo la imagen en un arreglo rectangular de elementos, como se muestra en la figura 43. Cada elemento de la imagen así dividida se conoce con el nombre de pixel. El siguiente paso es asignar un valor numérico a la luminosidad promedio de cada pixel. Así, los valores de la luminosidad de cada pixel, con sus coordenadas que indican su posición, definen completamente la imagen.

Todos estos números se almacenan en la memoria de una computadora.

El tercer paso es alterar los valores de la luminosidad de los pixeles mediante las operaciones o transformaciones matemáticas necesarias, a fin de hacer que resalten los detalles de la imagen que sean convenientes. El paso final es pasar la representación de estos pixeles a un monitor de televisión de alta definición, con el fin de mostrar la imagen procesada (Figura 44).

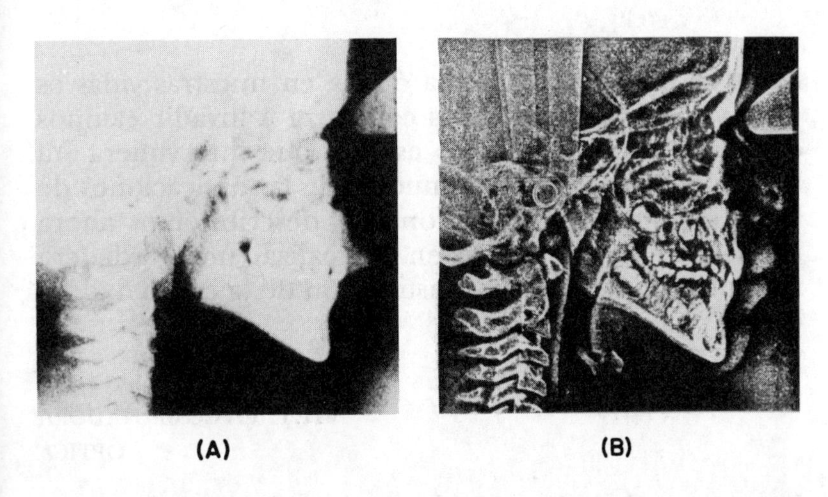

(A) (B)

Figura 44. Procesamiento digital de imágenes. Cefalograma en el que se han reforzado las componentes de Fourier de alta frecuencia. (Tomado de S. W. Oka y H. J. Trussell, *The Angle Ortodontist*, 48, núm. 1, 80, 1978). (a) Imagen original y (b) imagen procesada.

VI.3. Utilidad del procesamiento de imágenes

La utilidad del procesamiento de imágenes es muy amplia y abarca muchos campos. Un ejemplo son las imágenes obtenidas con fines de diagnóstico médico. Otro ejemplo son las imágenes aéreas obtenidas para realizar exámenes del terreno. Mediante este método se pueden analizar los recursos naturales, las fallas geológicas del terreno, etcétera.

VII. El papel de la óptica en el futuro

El papel que desempeña la óptica en nuestras vidas es cada vez más amplio, pues comienza a invadir campos donde antes no era lógico esperar que interviniera. Ya hemos visto en este libro muchas de las aplicaciones de la óptica moderna. Para concluir, describiremos ahora las posibilidades que existen de realizar una verdadera revolución, que sería la construcción de la computadora óptica.

VII.1. La computadora óptica

La computadora óptica es la gran esperanza de la óptica del futuro. Cuando se logre, las computadoras electrónicas que tanto nos maravillan ahora quedarán obsoletas y anticuadas. La computadora del futuro empleará pulsos luminosos en lugar de pulsos eléctricos, fibras ópticas en lugar de conductores metálicos, láseres de estado sólido en lugar de generadores de señales electrónicos, memorias holográficas en lugar de memorias de estado sólido, válvulas y moduladores ópticos en lugar de amplificadores electrónicos, etcétera.

La gran ventaja de las computadoras ópticas sobre las electrónicas será su velocidad, pues la información circula por las fibras ópticas casi a la velocidad de la luz, que es mucho más rápida que la velocidad de transmisión de las señales eléctricas en los conductores. Se espera que la primera computadora óptica aparezca dentro de diez años o poco antes.

VIII. Historia y estado actual de la óptica en México

La óptica en México es sumamente joven y por lo tanto también muy incompleta. Sin embargo, existen algunos datos que nos permiten suponer que ya en el siglo XVIII se construían instrumentos ópticos para usos astronómicos. Uno de los científicos que muy probablemente construyó algunos telescopios pequeños fue el criollo autodidacta Joaquín Velázquez de León (1732-1786). Otro científico, quizá el más importante de esa época, es José Antonio Alzate (1737-1799), quien siguió la carrera eclesiástica y se dedicó a la ciencia con tanto empeño y éxito que prácticamente tocó todos los campos de la ciencia. Fue miembro de la Academia de Ciencias de París y del Jardín Botánico de Madrid. Al igual que Velázquez de León, es muy probable que Alzate también haya construido algunos instrumentos ópticos.

Durante la primera mitad del siglo XIX el cultivo de la ciencia y en particular el de la física fue muy limitado; sin embargo, en la segunda mitad se recupera el entusiasmo. Es en esta época (1884) cuando el antiguo Observatorio Astronómico de Chapultepec se traslada a la tranquila villa de Tacubaya. Desde entonces se usaban instrumentos ópticos, principalmente astronómicos, pero sólo a nivel de usuario, pues hasta hace poco tiempo ninguno se fabricaba de manera industrial en nuestro país. Un ejemplo son los telescopios astronómicos, tanto de aficionados como profesionales, que en su mayoría eran de origen francés. Desde finales del siglo pasado, pero principalmente desde alrededor de los años cuarenta, algunos aficionados a la astronomía comenzaron a construir sus propios telescopios, de tamaño pequeño, generalmente del tipo newtoniano. Ejemplos de ello son el señor José de la Herrán padre y el señor Armando López Valdivia, de quien el autor de este libro, cuando era estudiante de secundaria en la ciudad de León, Gto., en el año de 1954, aprendió esta fascinante afición. Un ejemplo notable es la Sociedad Astronómica de México, fundada en 1902, donde el señor Alberto González Solís ha construido pequeños telescopios desde hace cincuenta años. Los primeros trabajos ópticos serios a nivel profesional que se desarrollaron en México probablemente fueron los relacionados con estudios astronómicos, en especial las investigaciones fotométricas estelares efectuadas por los astrónomos del Instituto de Astronomía de la Universidad Nacional Autónoma de México. Son dignos de mención, entre otros, el doctor Eugenio Mendoza y la doctora Paris Pismish, que trabajan con mucho éxito en este campo desde el principio de la década de los sesenta.

Dado el interés del Instituto de Astronomía de la UNAM y en especial de su director, el doctor Guillermo Haro, fue lógico que tales estudios se comenzaran a desarrollar aquí en forma más intensiva y profesional. El doctor Arcadio Poveda, un astrónomo joven y entusiasta, investigador del Instituto, cuyos intereses iban mucho más allá de la astronomía, comenzó por reclutar y dirigir a un pequeño grupo de estudiantes para que formaran un laboratorio de óptica en el mismo Instituto, con el fin de reparar y construir algunos instrumentos ópticos astronómicos sencillos. El siguiente paso que dio el doctor Poveda, con el apoyo del director del Instituto, fue enviar a algunos de estos estudiantes a hacer estudios de posgrado en óptica en la institución de más prestigio en ese entonces que se dedicaba a la óptica, que era la Universidad de Rochester.

El privilegio de ser el primer estudiante enviado, en 1961, recayó en el autor de este libro. Poco después, en 1963, fueron enviados Alejandro Cornejo y Oswaldo Harris. El primero regresó con su grado en 1965, para integrarse al Departamento de Óptica del Instituto de Astronomía. Este departamento se inició con un grupo muy entusiasta de estudiantes de física, que comenzaron proyectos que culminaron con sus tesis de licenciatura con temas de óptica. Al poco tiempo, en 1967, regresaron a unirse al grupo Alejandro Cornejo y Oswaldo Harris. Entre las actividades que se comenzaron a desarrollar se encuentra un programa de computadora para el diseño de sistemas ópticos y la construcción de diversos telescopios, entre los cuales estaba uno de 84 centímetros de abertura. En este periodo se instaló en el Departamento un taller de óptica con el propósito de construir lentes y componentes ópticos. Con el fin de preparar a un técnico óptico de alto nivel se envió a trabajar a una compañía óptica en Mississippi a José Castro, quien regresó para reintegrarse al grupo después de dos años. En 1967 se inició otro proyecto de investigación sobre láseres de gas. Durante este periodo se construyeron numerosos láseres de helio-neón y de argón.

Un suceso importante cambió bruscamente la situación cuando bajo la iniciativa del doctor Guillermo Haro y con la colaboración del autor se reformó el Observatorio Astrofísico Nacional en Tonantzintla, Puebla, para transformarse en el Instituto Nacional de Astrofísica, Óptica y Electrónica (INAOE). Una parte substancial del grupo de óptica del Instituto de Astronomía se trasladó entonces al recientemente formado Instituto, donde por primera vez en México se comienzan a ofrecer los estudios de posgrado en óptica. Aquí se comenzaron a desarrollar trabajos de investigación en óptica muy variados. Los campos de acción principales fueron en el terreno de la instrumentación óptica, y cubrían los tres aspectos principales, que son el diseño, la construcción y la evaluación de sistemas ópticos. Muy importante fue la colaboración de muchos especialistas en óptica, tanto mexicanos como extranjeros, que sería imposible mencionar ahora en unas cuantas líneas, pero entre ellos destaca sin lugar a dudas el doctor Robert Noble, quien ha dejado su país de origen para desde entonces vivir y trabajar con la comunidad mexicana. Fueron muy numerosos los estudiantes que recibieron su maestría en óptica en los primeros años del INAOE, los cuales muy pronto encontraron trabajo en muy diversas instituciones del país.

Poco después de fundado el INAOE, se crea en 1973 otra institución, llamada Centro de Investigación Científica y Educación Superior de Ensenada (CICESE), en Ensenada, Baja California. Inicialmente, esta institución no realizaba ninguna investigación en óptica, pero en 1976, con el apoyo de Martín Celaya y Diana Tentori, dos egresados del INAOE, y Romeo Mercado, de origen filipino, egresado del Optical Sciences Center de la Universidad de Arizona, se establece el departamento de óptica como una sección de la División de Física Aplicada. Este departamento, además de hacer investigación en óptica, ofrece cursos de posgrado.

En 1980, bajo la iniciativa del doctor Arcadio Poveda, director del Instituto de Astronomía de la UNAM, con el apoyo del doctor Guillermo Soberón, rector de la UNAM, y la colaboración del autor, se establece en León, Guanajuato, el Centro de Investigaciones en Óptica, A. C. (CIO). Este Centro (Figura 45), a diferencia de otras instituciones, está dedicado única y exclusivamente a la óptica. Aquí no solamente se hace investigación científica y desarrollo tecnológico en óptica, sino que además se ofrecen estudios de posgrado en óptica, en colaboración con la Universidad de Guanajuato.

Figura 45. Centro de Investigaciones en Óptica, en León, Guanajuato, México.

Otros grupos importantes en calidad, aunque no en número, que hacen investigación en óptica, se encuentran en la Universidad Metropolitana, en la Escuela de Física del Instituto Politécnico Nacional y en la Universidad de Puebla.

Los grupos de óptica hasta ahora descritos son quizá los más numerosos, pero afortunadamente no son los únicos. La UNAM, además del grupo del Instituto de Astronomía, tiene otros, aunque muy pequeños en número, en la Facultad de Ciencias, en el Instituto de Ingeniería y en el Instituto de Física.

Como podemos observar, la investigación en óptica en el país se ha desarrollado a buen paso en los últimos años. Nuestro país es miembro de la International Commission for Optics desde 1970. Recientemente, en 1987, se ha fundado la Academia Mexicana de Óptica, que a la fecha cuenta con más de cien miembros activos.

Éste es el panorama de la óptica académica y de investigación en México, pero desafortunadamente en el aspecto industrial la situación no es tan alentadora. De la enorme variedad de instrumentos ópticos que se usan en México: médicos, de ingeniería civil, educativos, militares, o simplemente para el usuario en general, prácticamente ninguno se construye en México. Todos estos instrumentos y aparatos ópticos se importan en su gran mayoría de otros países. Es justo, sin embargo, decir que los mexicanos estamos conscientes de esta deficiencia, y que se están haciendo grandes esfuerzos por encontrar una solución.

El campo oftálmico es sin duda el más desarrollado. Desde hace más de dos décadas, tanto los armazones para anteojos como las lentes oftálmicas se producen casi en su totalidad en el país. Éste es un terreno muy próspero, pues cada día que pasa se instalan más fábricas para lentes de vidrio, de plástico o de contacto. Sorprendentemente, sin embargo, el vidrio oftálmico aún se sigue importando. El CICESE está llevando a cabo un proyecto para desarrollar la tecnología necesaria para la fabricación de este vidrio.

En el campo de los instrumentos ópticos, especialmente los de precisión, o los destinados al usuario común, es donde la situación no es tan buena. La razón es que hay una ausencia casi total de industrias ópticas, debido principalmente a que todavía no tenemos en México el número suficiente de especialistas en óptica. Tan sólo existe una fábrica de microscopios, llamada Microscopios S. A., fundada por el ingeniero Óscar Rossback, que comenzó sus operaciones fabricando la montura mecánica pero importando las componentes ópticas. Esta fábrica ha hecho esfuerzos para comenzar lentamente a substituir las componentes importadas por nacionales, gracias a la ayuda del INAOE, reforzada más tarde por el CIO, quienes están fabricando algunas de las componentes ópticas necesarias.

Es digno de mencionarse el esfuerzo que están haciendo dos antiguos investigadores del CICESE por generar en forma independiente una industria óptica. Uno de ellos es el doctor Marco Antonio Machado, fundador de la Augen-Wecken, que está haciendo grandes esfuerzos en varios campos, principalmente en la industria oftálmica y optométrica. El otro es el doctor Luis Enrique Celaya, que formó la compañía Calipo S. A. para fabricar elementos ópticos cuya materia prima es calcita o cuarzo cristalinos. Estos elementos, en su gran mayoría, se están exportando a Estados Unidos.

Finalmente, también se deben mencionar los esfuerzos de todos los centros de investigación antes mencionados por diseñar y construir instrumentos ópticos muy especializados o de precisión, en particular telescopios astronómicos. Dar una lista completa sería imposible, pero como ejemplos solamente se pueden mencionar algunos de sus resultados. En el INAOE se han fabricado las componentes ópticas de varios instrumentos astronómicos, entre los cuales el más importante es el espejo del telescopio de 210 centímetros de abertura que se encuentra ahora en Cananea, Sonora. El Observatorio Astronómico de San Pedro Mártir, de la Universidad Autónoma de México, colocó unos años antes que el INAOE, otro telescopio similar, cuya montura mecánica fue diseñada, construida e instalada bajo la dirección del ingeniero José de la Herrán. En el Centro de Instrumentos de la Universidad Nacional Autónoma de México el ingeniero José de la Herrán también ha construido numerosos telescopios de tamaño pequeño, y además ha trasmitido sus grandes conocimientos en este campo a una gran cantidad de estudiantes. En el CIO también se han construido recientemente varios telescopios de tamaño pequeño y mediano.

Por lo que respecta a otro tipo de instrumentos, mencionaremos como ejemplo solamente que en la Universidad Metropolitana y en el CIO se están haciendo láseres de bióxido de carbono. Podríamos seguir adelante la lista, pero lo anterior es suficiente para tener una idea del tipo de actividades que se están llevando a cabo en nuestro país. Ojalá que algún día llegue a existir en México una industria óptica madura más completa, que satisfaga no sólo las demandas del país sino que también exporte parte de los productos que fabrique. Dada la historia reciente y la actividad que se observa ahora, existen razones para pensar que sin duda esto ocurrirá muy pronto.

APÉNDICE

Premios Nobel otorgados a científicos dedicados a campos relacionados con la óptica

A continuación se presenta una lista de los premios Nobel que han sido otorgados en campos relacionados directa o indirectamente con la óptica.

Año	*Nombre*	*Descubrimiento*
1902	Hendrik A. Lorentz Pieter Zeeman	Efecto Zeeman
1907	Albert A. Michelson	Instrumentos ópticos de precisión
1908	Gabriel Lippmann	Fotografía en color por películas de interferencia
1911	Allvar Gullstrand	Trabajos sobre la dióptrica del ojo humano.
1918	Max Planck	Teoría cuántica de la radiación del cuerpo negro
1921	Albert Einstein	Teoría del efecto fotoeléctrico
1930	Chandrasekhara Raman	Efecto Raman
1953	Fritz W. Zernike	Microscopio de contraste de fase
1964	Charles H. Townes Nikolay G. Basov Alexandr M. Prokhorov	Invención del láser

Año	*Nombre*	*Descubrimiento*
1966	Alfred Kastler	Bombeo óptico
1971	Dennis Gabor	Invención de la holografía
1979	Allan Cormack	Tomografía computarizada
	Godfrey Hounsfield	
1981	Nicolaas Bloembergen	
	Arthur L. Schawlow	Espectroscopia láser
1986	Ernst Ruska	Microscopio electrónico y
	Gerd Binnig	microscopio electrónico de
	Heinrich Rohrer	barrido, con efecto de túnel

BIBLIOGRAFÍA

1. Carlos Ruiz Mejía, *Trampas de luz.* La Ciencia desde México, núm. 27, Secretaría de Educación Pública/Fondo de Cultura Económica, México, 1987.
Este libro estudia las interacciones entre la luz y la materia, y de manera especial el comportamiento de la luz dentro de los cristales.

2. Ana María Cetto, *La luz.* La Ciencia desde México, núm. 32, Secretaría de Educación Pública/Fondo de Cultura Económica, México, 1987.
Este libro estudia la luz desde un punto de vista clásico, concluyendo con una descripción de nuestra concepción moderna de la luz, proporcionada por la teoría cuántica.

3. Jorge Lira, *La percepción remota: nuestros ojos desde el espacio.* La Ciencia desde México, núm. 33, Secretaría de Educación Pública/Fondo de Cultura Económica, México, 1987.
Este libro describe los conceptos y aplicaciones del procesamiento digital de imágenes, haciendo énfasis en las aplicaciones a la percepción remota.

4. Daniel Malacara H. y Juan Manuel Malacara D., *Telescopios y estrellas.* La Ciencia desde México, núm. 59, Secretaría de Educación Pública/Fondo de Cultura Económica, México, 1987.
En este libro se hace una descripción de la historia del descubrimiento del telescopio y de su desarrollo posterior, hasta nuestros días. También se expone someramente la teoría de su funcionamiento y sus aplicaciones.

5. Conrad G. Mueller y Mae Rudolph, *Luz y visión.* Time-Life International, Holanda, 1969.

Éste es un libro que trata en general sobre la luz y el sentido de la visión. Su principal mérito son sus numerosas y agradables figuras a color.

6. A. C. S. van Heel y C. H. F. Velzel, *¿Qué es la luz?* McGraw-Hill Book Co., 1968.
Éste es un libro muy elemental, pero ameno y bien ilustrado, sobre óptica en general.

7. J. Hecht y D. Teresi, *El rayo láser.* Biblioteca Científica Salvat, Salvat Editores, Barcelona, 1987.
Se trata de un libro sumamente ameno e interesante sobre la historia y aplicaciones del láser.

8. D. J. Lovell, *Optical Anecdotes.* SPIE/The International Society for Optical Engineers, Bellingham, Washington, 1981.
En este libro se ha coleccionado una buena cantidad de historias y biografías de hechos y personajes muy importantes en la historia del desarrollo de la óptica hasta nuestros días.

9. Arthur L. Schawlow (comp.), *Lasers and Light.* W. H. Freeman and Company, San Francisco, 1969.
En este libro Schawlow ha reimpreso una buena colección de artículos que han aparecido en la revista *Scientific American* sobre los temas de la óptica, los láseres y la holografía.

ÍNDICE

Este libro se terminó de imprimir y encuadernar en el mes de agosto de 2002 en los talleres de Impresora y Encuadernadora Progreso, S. A. de C. V. (IEPSA), calzada de San Lorenzo 244, 09830 México, D. F.

Se tiraron 4000 ejemplares

La Ciencia para Todos
es una colección coordinada editorialmente
por *Marco Antonio Pulido*
y *María del Carmen Farías*